U0939480

遇见更好的自己，努力的人生有梦可期

周思敏 著

中国纺织出版社

自序

每个人都有自己的理想，它是我们对未来的美好憧憬。而梦想，则是人类最天真无邪、最美丽可爱的愿望。梦想可以海阔天空，理想则是我们一步一个脚印踩出来的坎坷道路。但是，无论走多远，都别忘了我们最初的梦想。

也许，你和我一样，最初的梦想，是一个家。家，是一个温馨的字眼，宝盖头遮住了外面的寒风冷雨，一横三撇是家中人的期盼，外侧的撇捺是在外打拼的人对家的眺望，一个竖钩把全家人紧紧地系在一起。家，是每个人的避风港，是每个人的心灵寄托，是心里永远不会熄灭的灯，是梦里那座燃着炊烟的木屋，是永远的岸，是你我永远的港湾，是梦魂萦绕和永远牵挂的温暖。家，是你我最简单的幸福！

我们用了很多年才明白，世界上最动人的话不是 I love you（我爱你），而是 I have always been with you（我一直和你在一起）。我们期待的爱情是遇到对的人，无论多大，这个人都会宠你、爱你、包容你，哪怕过往曾满身盔甲满身刺，坚强的以为你足够强大到不需有人陪伴，有人怜爱。但当你遇到对的人对的爱情时，你就会变得像孩子般充满稚气，像孩子般大笑和生活，这，就是对的爱情。

如果没有遇到最好的爱情，就努力遇到更好的自己吧，因为努力的人生有梦可期！

每一次启程，先调准你的方向。因为如果你知道要去哪里，全世界都会为你让路。方向是人生的支点，让你拥有撬动地球的力量。就像《西游记》里的唐僧师徒，哪怕九九八十一难，都不曾忘记西天拜佛求经的方向。方向清晰，目标明确，则势必达成。而那些最初心中就模棱两可、守株待兔的意念，则多数不能实现，即使实现，也实属侥幸。

对于一路上遇到的人，请微笑面对。心像降落伞，打开才有用，用心灵去赢得心灵，用真情换得真情。打开心扉，紧随爱的脚步，一路且歌且行。

每个人的生命里都有一只碗，盛着善良、信任、宽容、真诚，也盛着虚伪、狭隘、猜忌、自私……一颗心与另一颗心的碰撞，需要付出真诚才能发出清脆悦耳的声响。请剔除碗里的杂质，然后微笑着迎接另一只碗的碰撞，并发出你们清脆、爽朗的笑声！也许转角遇到爱，转念之间，成就最好的自己！

生命就像一条奔流不息的大河，无论你怎样对待，它都不会停留、不会倒流，所以，为何不在有限的生命里过得精彩？你的价值，来自于你的选择！

我们无法决定明天是晴天还是雨天，但可以决定今天有没有准备好雨伞。我们也许会恐惧前方路途遥远，但努力坚持总会走到终点。今天所做的一切，也许在未来都将是礼物；未来的你，终将感谢现在拼命的自己。

即便还没有成功，又怎么样呢？一个人的胸怀，不在于得意时的意气风发，而是看他失意时能否在黑暗里活出属于自己的光芒，还能把世界点亮。永不言败，才可以做生活中的真英雄！请把自己当作一块香料吧，只有在不断坚持的努力中，才能以信念为柴，在持续的炙烤中散发出最浓郁的芬芳。请努力成就自己，为了情，为了爱，为了最初的梦想！

生命不仅是一场赛跑，也是一次旅行。比赛在乎的是结果，而旅行更在乎沿途风景。把生命当作旅行，让你我一起，在坚持与努力中遇见更好的自己，发现一路的美景……

2018 年 11 月，冬夜，北京

AND TH
SDET
COFFEE

目 录 -Contents-

Chapter 1

回到爱情的起点

Chapter 2

让你爱的人爱上你

Chapter 3

美好的爱情就是：对的时间，遇见对的你

Chapter 4

走好职场之路

Chapter 5

活出你喜欢的样子

JUST
AN

Chapter 1 回到爱情的起点

爱情让钻戒闪亮，婚姻生活却让它蒙尘。夫妻之间的亲密关系修行是一堂必修课，追爱的道路有章可循，相处的技巧各家有各家的不同。那些美好一直都在，又为何把它们冷藏搁浅？回到爱情的起点，让爱如初见，情如初恋。

别让爱情败给冷战

> 即便生活琐碎、鸡毛蒜皮，我们也应当记得：
> 真诚、理解、信赖、聪慧、独立、开明、体贴
> 这些闪光点才是彼此走到一起的根本吸引力。
> ——思言思语

“男人总是喜欢用冷战来表达情绪吗？”易姝很无奈，“我们两人闹别扭，明远对抗的方式永远都是不说话，表达生气的方式就是冷战，已经三个月了，还像个小孩一样记仇。”“刚开始，我以为他故作姿态，还哄着他，结果，人家根本不领情。”易姝气愤地说：“后来我干脆爱理不理，看他能坚持多久。真没想到，一个大男人，如此小心眼，难道女人不是用来哄的吗？”

听完易姝的抱怨，我禁不住笑了。女人呀，生气之后就烟消云散；男人呢，却刚刚开始。

不懂男人的心理，婚姻中女人只有生不完的气；

不懂女人的心理，婚姻中男人只有白生气的份。

以为他俩之间有什么深仇大恨，结果易姝说，就是拌了句嘴，挤牙膏大点的小事。

这是何苦呢？同在一个屋檐下，冷战三个月，这对小夫妻还真是能忍。

热恋的时候，彼此是对方眼中的最美；相爱的时候，彼此是对方心中的唯一；婚后，一切似乎都变了。当荷尔蒙退却，亲密关系变得平淡，亲情、友情、社交、人际、生活等都卷入其中，随时随地都能掀起一场家庭“内战”。

女人说：“你以为你很重要吗？我随便在大街上捡一个男人都比你强！”

男人瞬间被中伤，脱口而出：“你是不可信赖之人，我唯一相信的是你和我生的孩子。”

女人泪崩：“如此说来，你根本不爱我，你信赖孩子，除了我，还可以是任何女人！”

男人根本不解释不挽留，心想：我在你心中甚至不如路人甲。于是，冷战成为他们的杀手锏。

一天两天三天，一个月两个月三个月，女人忘了当初为什么争吵，更不明白男人为何如此惺惺作态。

男人在想，她为什么不给我台阶下，她为什么一副无所谓的样子，她是真的不在乎我了吧？

你不问，她不说；她不理，你不睬，原本跨越山海、感天动地的爱情，就这样，败给了冷战。

所以说，男人，心胸宽广一些；女人，胸怀温柔一些。遇事，不要置气，不要猜忌，不要冲动，更不要用“你以为”的来“惩罚”最亲密的爱人。否则到头来，假戏真做，弄假成真，只能苦果自食。

你在时，你是一切；你不在时，一切是你

> 你在时，你是一切；你不在时，一切是你。
>
> ——思言思语

爱情中，女人都希望自己成为他的宝贝，而男人呢，都希望自己成为她的依靠，成为她的骄傲。这和年龄没有任何关系，只是性别上的差异。就连所谓的女汉子，也同样渴望男人的疼爱。不是吗？当她没人疼爱的时候，只能自己装出无坚不摧的模样。

如果，你遇到一个男人，他虽然没有厚实的臂膀，但却像大山一样守护你，像父亲一样呵护你，那时你会发现，成熟的姿态并不是十分要紧的事，哪怕你原本已经足够成熟，一旦站在他面前，便又会恢复小女孩的娇憨模样。

遇到一个真心爱你的好男人，女人就成为名副其实的傻呆萌，凡事都不需要带脑子。你在他面前，可以肆无忌惮地笑，哪怕露出20颗牙齿；可以无所顾忌地哭，像孩子一样，心思单纯，毫无设防，因为他是你的肩膀。

如同发生在姑姑身上的爱情故事。

那年，姑姑嫁给了一个称心如意的好男人，没多久，姑姑怀孕了，据说在那个年代不流行坐月子，而姑父坚持让刚生完孩子的姑姑在床上足足躺了一个多月。只要家里有客人来看姑姑，姑父就会很心疼地说："早知道生孩子这么受罪，我就不要孩子了。"

大家都把这话当作笑话，而他们，真的只要了一个孩子。

在姑父心中，姑姑也是他的孩子，还是最让他牵挂的那个永远长不大的孩子。如今，他们都已经70多岁了，每次姑父还在众人面前喊着姑姑的小名——"宝宝"。

真正爱你的人，他不管别人的眼光，不会理会世俗的约定，他只会用自己的方式宠你，爱你，还会满足你许多刁蛮的小心愿。他会一次又一次地忍不住抱你，用晚安吻哄你睡觉，用早安吻轻轻叫你起床，睡觉时会一次又一次帮你盖被子，出门时千叮咛万嘱咐：吃多点，别减肥，穿暖点，多休息。

他喜欢看你笑眯眯的眼睛，想要背着你走路。想要带你去旅行，也会把西瓜中间最甜的一口用勺子挖出来喂给你。他会把虾剥好壳摆在你面前说：“宝贝，今天的虾见到美女都自动脱衣服啦。”真正爱你的人，恨不得把你当女儿宠。只要你开心，你快乐，他做什么都愿意。

如果你是男人，当你把一个女人宠成孩子的时候，这个女人自然一辈子踏踏实实地跟着你，可以为你赴汤蹈火，甚至心甘情愿不顾一切帮你“挡子弹”。因为，世上只有你，懂得她的小秘密，看得到她的软弱，受得了她的淘气。她天真地相信，无论世间怎样斗转星移，你永远都会在她身旁。

请原谅她在你面前撒娇任性的样子，因为只有你是她永远的依靠，坚强的壁垒。你若不离不弃，她便生死相依。

“如果有来生，宝贝，请继续做我的爱人，如若你迟到了，就请做我的女儿吧。”你会忍不住这样对自己心爱的女人说。

你把她宠成一个长不大的孩子，她在做梦的时候，全世界最美的风景都能映照在她的脸上。哪怕到了 70 岁，她依旧会羞涩到脸红，看起来还是如此满溢幸福和春意。

愿你们相信爱情，彼此温柔以待！

愿得一人心，白首不相离

永远美好，永远保持优雅，因为你的形象，就是他眼中的你。

——思言思语

有人问，男人女人一辈子有几个异性不遗憾？我只想说：如果没有一个人让你此生不遗憾，那么即便有再多你都会感到遗憾。

少即是多

无论男人女人，在爱情里，都希望“愿得一人心，白首不相离”。爱情具有排他性，如果不是“心头好”“白月光”，那真的会是“众里寻他千百度”，遗憾“曾经沧海难为水”。除了那个人，其余大概都算是将就吧！

你心中有那个“非他莫属”吗？你能找到他的替代吗？每个人心中都有一个答案。

得一人心

如果能够和心中所爱恰好在一起，最好是青梅竹马，两小无猜，在适合的年龄听从父母之命媒妁之言，在亲友的祝福下步入婚姻殿堂，从此组成一个家庭，那么，得此一人，此生无憾。彼此的生命也从此变得有意义。

我的一位朋友，20 多年来，她的先生爱她如初恋，为她打造了荷塘月色庄园，每天和她垂钓会友，环湖漫步，琴瑟和鸣。她和她先生的爱情，是远近闻名的佳话。那份爱，不会变淡，反而是“醒来，甚是爱你”，日渐浓厚。朝朝暮暮，只愿相守。

每个人心中，大概都有这样一份对爱情的憧憬：不求在最好的年华遇见你，只求“哪怕晚一点，余生都是你”。因为遇见你，才是最好的年华；因为有你在，心才安。

一厢情愿

如果在适合婚嫁的年纪，还没有遇到那个心心念念的人，将就选择一个人结婚，那么，进入婚姻“围城”后，生活的琐事难免会让你感到无限烦忧。于是，有的男人就在柴米油盐之外想到了“白月光”“红玫瑰”，有的女人就在枯燥的婚姻生活中变得唠叨、爱抱怨。也许，会有男人希望在疲惫生活中找到一个温柔乡，或者真的这样去做了，但这样他就不遗憾了吗？当然不会，那只是一厢情愿、异想天开。

婚姻里宠爱老婆的男人，让人敬重。爱妻子，把她宠成少女，呵护她的温柔心，是一个男人最聪明的选择。成功的男人背后往往有一个备受宠爱的妻子。富养妻子，也算得上一种好的家风。俗话说得好，“夫妻同心，其利断金”。家和万事兴。你爱她，她会和你同心同德，事业上，更是无往而不胜。

所以，要想不遗憾，就去珍惜身边的那个人，用你的全部爱与温柔去呵护他，才会真的无悔。试想，我们真的希望有很多人爱吗？不，我们只希望和在乎的那个人相爱！对男人而言，弱水三千只取一瓢饮；对女人而言，执子之手，与子偕老。那些让我们羡慕的爱情故事，那些让我们心生敬佩的倾城之恋，无一不是因为忠诚、痴爱，才那么可贵、可歌、可泣。

如果爱，请珍爱

所谓真爱，不过“珍爱”。

——思言思语

“思敏姐，我遇到真爱了，出轨了，怎么办？”

收到若水的短信，吃惊片刻之后，我想，什么叫真爱呢？我曾写过一篇文章《爱情里每个人都有“病”》，“一见钟情”还是“两情相悦”，或许只是在人群中多看了一眼，或许我们自己根本无法控制也未可知。关于“爱情这种病”，有这样一种解释：类似触电的感觉，身体会大量分泌“荷尔蒙”，男人的这种状态一般可以维持 13 个月，女人会时间长一些。

七年之痒，激情褪去，有的人有幸将爱情升华为亲情，情投意合，惺惺相惜，相互欣赏，相互扶持。有的人则在围城外遇见了另外的人，重新触电，又得了“爱情”这种病，兴致勃勃，充满激情，满眼都是爱意。当然，婚姻之外遇到真爱，并不是男人或女人的专利。在这里，我们姑且不用“女人思维”去探讨“出轨”或“婚外情”的话题，假使这样的事情就发生在你我之间，我们该如何处置？

我的闺蜜若水，就是在婚后遇见了“真爱”。她的生活，本就足以让多数女人羡慕：从小在优渥的家庭环境中长大，面容和身材姣好，有一份自己的事业，在美容界占有一席之地；老公志远是学术派，在科研界小有名气，还有一家公司。更重要的是，志远不仅事业有成，长相英俊，对她更是体贴有加。两人通过相亲步入婚姻殿堂，婚后生活也算得上举案齐眉、郎情妾意，她在社交网络上也分享了婚后生活是多么地“岁月静好”。追她的人也并没有因为她已婚就此止步，不过她只是笑笑婉拒。

志远没日没夜地忙着，也许真是为了这个家，小两口聚少离多。在若水生日那天，志远送了她两张去巴厘岛度假的机票。若水开心得不得了，期待着这个浪漫的假期。可是就在假期的前一天，志远对她说：“你一个人去吧，这次我实在不能陪你，公司项目没人负责，我只能留下来，我也是为了这个家呀。”若水心里一百个不愿意，她想：“‘为了这个家’难道就是要每天拼命赚钱而不顾及我的感受吗？那你的家里到底是否有我呢？”继而，志远说：“我不想看这两张机票浪费，要不你一个人去吧？！”若水默默拿起了两张机票，偷偷将志远的那一张撕掉了！于是第二天一个人佯装着独立，优雅地登上了飞机。出于面子心理，依然自得其乐地秀着自我以为的小幸福。

人最需要的是，疲惫独处时的挑灯夜谈，与爱人之间的推心置腹。夜深了，若水打电话给志远想说说这些日子里女人的小心思，谁知电话那头只回了一个字“忙”！午夜12点了，难道还在忙吗？这表现像极了一个差等生。

一个人的孤独，一个人……直到那日，若水遇见了青莲，他沉稳、优雅又不失幽默，让若水竟有种痴迷的感觉。他长得真是好看，星眉剑目，仪表堂堂，重要的是，身上虽有一种清冽的气息，却又充满阳光的味道。青莲似乎也一样对若水“一见钟情”，两人似月老的红线牵引一般，情不自禁地表露心意，坠入爱河。“还君明珠双泪垂，恨不相逢未嫁时。”就这样，他们成为了“我们”。

旅程悄然结束了。到家之后，若水彻夜未眠，晨起煮好早餐，她决定和志远摊牌，说自己爱上了别人。就在这时，微信响了，是青莲。他说：“对不起，我离不开我的老婆和孩子，我的衬衫是我的老婆泡了三个小时肥皂水，用手慢慢揉出来的。我的皮鞋是我老婆把手都擦出皱褶才擦亮的，我的香水是我老婆选的……没有我老婆这些年默默地付出，所有的一切，我都没有。所以，我离不开她……”若水马上回复说：“我明白了。”但却发现自己已经被对方拉黑了。这时，志远揉着惺忪的睡眼从房间走了出来，“老婆怎么这么早，打扮得这么漂亮？老婆，对不起，这段时间我忽略了你。”说着话的空隙，志远拿出了一条手链递过来，说：“老婆，今天是我们结婚七周年，我特别订制了这条手链，上面刻着你的名字，你喜欢吗？上次我们逛街的时候，我看你很喜欢，所以我就偷偷买来了，打算今天送给你。”并不刻意的深情，却是那么动人。说完，志远顺势抓起了若水的手，温柔地将手链套到了若水的手腕上。就这样，若水看着这条手链掉下了眼泪，“七年了，是啊！就在上一秒，我差一点决定告别这七年，而下一秒，我们之间的感情，又回到初恋。”

若水了悟——志远的缺席，让她一度感到孤单，青莲何

Sporting
RACEWAY
I SLEEP
TO KEEP
DREAMING.

尝不是来源于她的幻想，那是一个女人对阳光、对浪漫的渴望，而家和爱人，才是现实中最温馨的港湾。

人，真的很特殊，夫妻就是需要陪伴，需要呵护，需要在乎彼此的一种存在。当一方发现不被在乎，不被呵护，不被关照的时候，他可能就去寻找新的能够关照他的人、事、物，谁也逃不过，因为我们都是人。

有人说，“七”是一个转折点；也有人说，“七”就是一道坎儿。什么是坎儿？过去了就是门，过不去就是坎儿。所以说，能经历七年之痒的婚姻，也许接下来就是康庄大道了。我不知若水是怎么想的？但从一个旁观者的角度来讲，人都有打盹儿的时候，难免出错，也难免有一不小心拐弯没拐好就跌倒的时候。但是，只要你迷途知返，知道自己是谁，知道你要的是什么，知道这辈子你将扮演谁，上帝一定会给你一份厚礼！或许包装很普通，但打开之后，总会有惊喜。

婚姻中，遇到“真爱”多半都是虚幻缥缈的错觉，所以，有时所谓“真爱”，不过是迷恋。

婚姻里，“真爱”敌不过“珍爱”！

放下，遇见更好的自己

> 生活远比男人更慷慨，当你认清生活的真相，依然热爱生活时，它会让你更加美好、安宁、恬淡、从容。
>
> ——思言思语

有一个段子：如果男人对一个女人说“我想和你一起睡觉”，那他就是流氓。但是如果他说“我想和你一起起床”，那就是徐志摩了。

真爱一个男人，女人会想要他的全部。如有缺，心中便有不被爱的苦楚。男人却天生分不清，也难自控。若暂且遇人不淑，万万不要画地为牢，你若精彩，迟早会有人看到你的美好。

因为我爱，所以我被爱。

出差回家第一件事，易姝鬼使神差地打开卫生间的灯，一尘不染的地面上多了一根长发，刺眼扎心。还有一点异样，走的时候拖鞋放鞋柜里了，现在却在门口放着。

因为太疲累，易姝早早便沉沉睡去，第二天早上五点多一睁眼，卫生间那根长发又浮现在眼前，心里虽泛着恶心，易姝却忍住了，想着：就算捉奸在床，又能如何？不爱了就好，就不会伤心了。

匆匆去上班。下班回家，看到明远那一副躲闪的眼神，易姝没忍住还是说了，她问："卫生间那根长发是谁的？""罪证"还没有被"毁尸灭迹"，易姝慢悠悠弯下身捡起那根长发，栗色、枯黄。易姝没有发火。明远接过那根长发，说："不是你的？我也不知道是谁的。"边说边用食指把头发卷起来，走到厨房，丢进垃圾桶里。

相识5年，结婚2年，这不是易姝第一次发现明远的异常，她知道这个男人并非完全忠诚于自己，只是一次次自我安慰：不爱就好了。

第一次是三年前，那时两人正在谈婚论嫁，清明节明远回家扫墓，易姝没有跟着去。

明远回来，拖着疲倦的身体，拒绝了易姝的亲昵，"百战归来，他哪有力气再满足一个女人的需求？"易姝心想。

明远沉睡时，易姝没忍住打开了他的手机，赤裸裸的对话映入眼帘：“我到楼下了”“给你带的礼物喜欢吗？下次要什么？”“弄疼你了吧？都是我不好……”眼泪没出息地哗啦啦流下来，如瓢泼大雨止不住，心头像被刺了一把刀。若不是亲眼看到这些聊天记录，易姝死都不会相信明远会出轨。

没有叫醒明远，伴着眼泪，易姝冲到卫生间，把淋浴开到了最大，像是要洗掉和这个男人的所有瓜葛。然后，她给自己化了一个漂亮的妆，换上自己最漂亮的连衣裙，穿上多年没穿过的高跟鞋，出门了。

易姝想着，就这样不带走一丝云彩，重新开始崭新的生活吧！

一路驱车来到新光天地，琳琅满目的橱窗和行走的时装秀，让易姝看到落地镜里相形见绌的自己。从头到脚，没有一件穿搭和时尚沾边；身材不算臃肿，却也不够苗条；还好画了个妆，但妆容却没有春夏时节的清透感。易姝自嘲地笑了，大概连自己，也不会爱这样一个不够美的自己吧！

购物对女人而言，或许是最好的放松，当易姝里里外外

焕然一新时，收到了明远的消息：“宝贝，你去哪儿了？”此时，伤心已抛诸脑后。易姝回了地址，让明远来接她。明远忙不迭地赶来拎包，鞍前马后，十分热情。

高档西餐厅里，对面那个高大英俊的男人，在易姝心里，又矮了一截。

生活中，少一些怨恨，多爱自己一点，心也不会那么疼了。面对难以接受的现实，你需要冷静面对，才能认清事情的本质，合理解决问题。

一而再，再而三的背叛，易姝不知道自己到底为什么还放不下这个男人。明远说得对，易姝是适合做夫人的，包容、识大体、温柔，端庄典雅，有良好的修养，落落大方。明远呢？有良好的家世，工作正处于上升期，仪表堂堂，浪漫、儒雅、谦和，可谓大众情人。尽管两人是家长式的包办婚姻，易姝却是爱明远的，他那么优秀，那么完美。所以，即使一次次伤心难过，她还是放不下。尽管已婚，易姝的身边却不乏爱慕者，但她忠诚于爱情，忠诚于婚姻。

但这一次，易姝决定放下。收拾行李，准备出发。不给自己画地为牢，是易姝给自己的爱。她要出去透透气，去更广阔的天地，去找到隐形的翅膀，去远方希望的田野——那里有纯真的笑脸，有智慧的师长，有高山流水和知音，还有更好的自己。

你的婚姻，可以没有原生家庭的影子

> 爱情的本质是吸引，被她的美丽吸引，是第一重；被她的才华吸引，是第二重；被她的善良吸引，是第三重。
>
> ——思言思语

楚瑜是个不会撒娇的女人，棱角分明，喜怒都写在脸上。幸运的是，直来直往的她，遇见了一个温暖如春的男人。伟国，楚瑜修炼5年得正果的Mr.Right，把楚瑜宠成小女人的暖男。有伟国的日子里，楚瑜没有冬天。

2月3日，立春了，2017年，这个特别的“双春年”，楚瑜却感到了前所未有的寒冷。因为昨晚伟国说：“我们离婚吧！好聚好散，以后还是朋友。”可是，楚瑜根本不明白是怎么回事，眼泪像断线的珠子不争气地流，往日的暴脾气似乎也都被吓跑了，软声细语地问伟国：“我做错什么了？”伟国痛苦地说：“分了吧！你不爱我，你一点都不爱我！”这一次，楚瑜知道伟国是认真的。自尊心迫使她只说了一个字：“好！”

整夜无眠，眼泪如潮水般奔流不止，往日如电影放映般在脑海中浮现，楚瑜看到了自己沉浸在幸福的幻境中，对伟国给予的宠爱甘之如饴。

伟国是一个有才华、有理想的男人。他会弹琴，楚瑜坐在他身旁，或静听，或伴唱，或小憩。楚瑜觉得，有伟国的地方就是她的家，而她过往的20多年，一直在流浪。楚瑜以为，身边的这位暖男帅大叔，是上天对她的特别眷顾，用以弥补她在原生家庭中爱的缺失。开车出门，楚瑜习惯坐在副驾驶座，因为可以随时转头看到伟国英俊的侧脸；在等红灯时，习惯被伟国温暖的大手牵着；在伤心疲惫时，习惯伟国温暖的肩膀和怀抱。沉浸在幸福之中的楚瑜，和兄弟姐妹、朋友们渐渐疏远，甚至不愿参加同学会、朋友聚会等一切社交活动，因为所有的时间，她都希望和伟国在一起，仿佛那些被遗忘的时光，就是他们独有的桃花源。伟国也喜欢温柔可人的楚瑜，喜欢她捧一卷诗经时睫毛下的静谧。这是伟国心中妻子的样子！这个样子让伟国忘了，楚瑜是一个立体的人，不是画中的海螺姑娘。

有时候，楚瑜会给伟国讲童年的故事，她说妈妈从来不牵她的手，哪怕是在过马路时；她说妈妈偏爱弟弟，从来不愿意分她一点；她说妈妈总是抱怨爸爸，说留下都是为弟弟；她说奶奶对妈妈也不好，因为妈妈说错话。

楚瑜讲给伟国听，只是想要更多的爱，以温暖那些寒冷的记忆。所以，哪怕闹别扭，伟国都会牵楚瑜的手。听楚瑜的故事，伟国通常都不说话。几年前，伟国的妈妈去了天堂，楚瑜知道后，也会给他大人般的疼爱。可时间长了，楚瑜觉得自己才是孩子，就算骄纵，也是应该。

楚瑜不知道，男人来自火星，女人来自金星。完美的男女关系，从来不是缘分天定，而是两个人共同的成长与相互指引。伟国说，比苦更可怕的是怨，一颗充满怨的心是无法生长、无法爱的。

楚瑜的心里是矛盾的，很多时候，怨蒙蔽了她的眼睛，丢不掉的怨让她敏感、易怒、心胸变得狭隘。那是伟国最害怕的样子，他无法接受这样的楚瑜。他希望他的暖能让楚瑜心中向阳花开，而不希望这份暖成为楚瑜的“瘾”，纵容她滋生更多的“怨”。

伟国爱的楚瑜，是能让他感受岁月安好的楚瑜。楚瑜爱的伟国，是能让她感受心中安然的伟国。伟国因为楚瑜有了家，楚瑜因为伟国才知道家的滋味。亲爱的楚瑜，不要哭，你该知道，伟国是你的暖男，是你的肩膀，是你可以依靠的港湾，当你心中的向阳花开，你的婚姻也就不再有原生家庭的影子。

家是最需要正能量的地方，家的正能量是爱，是相爱，是相携相伴共同成长。好女人，兴家国，女人的幸福感，关系一个家的幸福感，家家幸福和睦，社会才能和谐安定！

好的婚姻，不是牺牲，而是共生

> 女人如花，本就需要爱的浇灌和滋养，需要学习爱的能力，需要用成长来修炼自己，先爱上自己，才能有资格爱你的男人。
>
> ——思言思语

春日清晨的北京，阳光普照，在这个万物生长的季节，每个人都想觅得一位爱人，十指相扣，沐浴春风，寻觅十里桃林的盎然春意。今天，我只想和懂爱的人聊聊他和她的情缘故事。

楚瑜（以下简称“瑜”）：“思敏姐，我恋爱了。”

思敏（以下简称“敏”）：“啊？那伟国呢？”

瑜：“伟国嘛，他祝我幸福啊！”

敏：“楚瑜，什么情况？”

瑜：“伟国说，他重新爱上了我。”

敏：“男人也这么敏感吗？你对他表白了？”

瑜：“思敏姐，你还记得我找您学习的时候吗？当初我可以倾尽心血为家庭和他付出，他都丝毫没有感动过；反倒是我的心里只剩点点星火时，他却燃烧了。那次离婚风波之后，我们日行渐远，我想先管好自己吧，除了工作外，我健身，美容，读书，做一个女人本应做的事情，我不再把感情挂在嘴边。您说过，女人要先拯救自己，才可以吸引别人不是吗？我觉得自己成长了，他对我的态度也大不一样了。现在他加班出差时，还不时问我‘吃饭了吗？’‘吃好一点，要按时睡觉。’整个人都变了。有一天在微信中还特意给我唱歌。男人还真像您说的，就像是捧在手里的沙子，不需要抓得太紧，不然他会从你的指缝间溜走呢。所以现在他每天宝贝宝贝的叫着，我的小心脏呀，都快乱跳得心律不齐啦！我觉得找到了热恋的感觉。”

瑜：“说真的，思敏姐，真的感谢您，是您点化了我。以前我恨不得自己变成他的口袋宠物，时刻黏着他看着他，但却是有心栽花花不开。现在学会了给他空间，给他自由，修炼自己，他倒是粘上我了。不过我很享受被他黏的感觉。最有意思的是，昨天他写了一封情书给我，说他爱我，说他愿意做我三生三世的爱人，不离不弃。老师，您说我这是在爱情中‘开挂’了吧。”

听到这里我笑了，感觉一个女人被爱包围的时候，会忘却烦恼、年龄，觉得她笑起来就像18岁的小姑娘。脸上自然增添了一抹天真和浪漫。做被爱的女人真好！

我想到某个当红男演员，他在演艺界已小有成就，却偏爱人间这份烟火气，喜欢做饭，喜欢与家人相守在一起。他这样评价他的太太："她善良单纯，一直处于少女状态，爱玩儿，也很爱享受。喜欢热闹大场面，看到老公、孩子和三五好友，就心满意足。遇到了我太太这样的女人，是我的幸运。"是的，多么简单的男人，为一个心爱的女人，几十年如一日地如此这般呵护、疼爱。美好的爱情就是这样，温柔的时候可以在他的怀抱里撒娇；快乐的时候，可以露出牙齿大笑；失落的时候，可以抱着他的脖子大哭，不管鼻涕眼泪，都可以肆无忌惮地抹在他身上。他可以是你的开心果，也要做你的出气筒；你可以在他面前矫情，只在他面前矫情。这就是最爱你的那个男人最赤裸的爱，没有包装，就是这么简单。

生活中，有不少女人，总在韶光流逝中感叹自己的容颜衰退，渐感危机四伏，存在感全无，渐渐变成一个绝望的怨妇，智斗老公，手撕小三。在一场场没有硝烟的战争中，慢慢冷却了男人死心塌地、满腔热血的爱。赢了？输了？痛快了？结束了。

男人欣赏一个女人时，可谓：始于颜值，敬于才华，合于性格，久于善良，终于人品。我很欣赏这句话，做女人，就是要先悦己，才可以悦人，不是吗？

楚瑜和伟国，就这样尽情地浪漫着，没有禁锢地矫情着，当然彼此坦荡地享受着，这才是爱情。

爱不是牺牲，而是共生，只有乐此不疲地相爱着才可以共生！

从此牵手，倾世温柔

男人最爱女人什么？据调查，温柔是第一位的。我们看到，护肤品、彩妆、造型、服饰等这些商品，能够成为经典的核心往往都是注重女人的柔美。因而，无论什么时候，男人最欣赏女人的气质，第一位都是温柔。有幸成为夫妻，温柔体贴更是十分重要。那么，女人的温柔到底是什么样子呢？

温柔就是女人由内而外散发出来的温和、从容、淡然的美好气质。东方女人的发型、妆容和服饰总给人一种柔美、温暖的感觉。永远不慌不忙，从容有序，看起来如一泓清泉，令人心旷神怡，赏心悦目。女人如此，老公怎么会不宠爱呢？大概还会在心中默默欣喜：得之我幸！

有女人在的家，总是会整洁、温馨、舒适、宜人。老公对妻子的宠爱，更多体现于对家的向往，因为那是她在的地方。这个家，是他疲惫工作后温馨的港湾，在家里，可以得到最舒适的放松和享受。一朝一夕，一蔬一饭，对家中的女人只会越来越爱。作为家中的女主人，让自己的老公爱上回家，是他更加宠爱自己的一个很重要的缘由。往往家有贤妻的男人，在事业上会更有成就。

女人的言语要得体大方，有分寸，体现自尊自信。爱人之间，不说负气话，不做伤心事。适当的撒娇固然可爱，或可成为制造情调的一种催化。但是，过分任性大可不必，那不过是用极端的方式来求得宠爱。其实，男人的心里，哪懂女人小情绪背后的语言，他只会感到不被爱。所以，对自己的老公，要尊重，要体谅，要包容，要认同，不要和他强争你高我低，静静聆听，温柔化解，这才是女人的智慧。

相信，没有男人不爱温柔、自尊自信、淡然美好的女人，即便一朝红颜老去，在他心中，你依然最美最好，最值得宠爱！

做人格独立且自由的爱人

在物质生活不断丰裕的今天，你会发现，买买买已经没有了太多快感。不少女生对我说：老师，收到男朋友送我的情人节礼物，我想马上分手！问缘由，女生说：那根本不是我需要的，其实我不在乎他送我什么，而是他是否对我用心。是啊，爱一个人，礼物只是合理范围内的心意，不是必须完成的任务，相比包包和口红，女生们更在乎的，其实是你爱她的心啊！如果说，过节、逛街、看电影，这是恋人标配的话，其实，恋的不是形式，而是心与心碰撞的仪式。

最近有这样两篇文章，《女人都不想结婚了，男人还想找个保姆》《去年的你，已经配不上今年的我》。其实，女人真的不想结婚了吗？不是不想，而是当今时代女性更加独立了，要求更高的生活品质，同时，对另一半有了更高的要求。女人也不是不想生孩子，而是渴望另一半足够担当，渴望一个家的呵护与温暖，而不是既当爹又当妈，或充当一个生育工具。

如果爱，请深爱。如果想要结婚，请认真对待，做好规划，承担起相应的责任。如果要生孩子，请保养好自己的身体，规范作息，调整饮食，去做，去负责，而不是说说。请允许我在你的怀里孤单，不是真的享受孤单，而是彼此独立又共存，因为有你，我变得更好；你为我好，不是把我当成花瓶或保姆，而是爱人，人格独立且自由的爱人。

不要等待另一半说出“去年的你，已经配不上今年的我”这样的话，或者做出这样的行动，如果一个人走得太快，你没有办法让他退回来，只有自己加快脚步追上去。

分享“思敏家”亦心的一段评论：

很多女人在婚后放弃自己，想着“反正已经有人要了，还打扮什么呀；家务活那么多，哪有时间捯饬自己啊；为了孩子为了家，所以我才变成今天的黄脸婆……”然后老公去哪儿都不会带你了，然后开始怀疑试探斗小三了。其实，是自己丢了那个最美丽最自信的自己，你不在他身边，自然有花花草草往上凑。话糙理不糙，不要去管男人，先管好自己，你的信号强了，他自然不会连上其他 WiFi。

其实，不只是女人，男人也一样。强大自己是永恒不变的真理。这句话，送给每一位男人和女人。

Chapter 2

让你爱的人爱上你

不想和你谈人生，只想和你谈恋爱。去爱吧，时间会给你最好的，而你，要时刻美丽动人，清新可人，做最闪耀的自己。相信爱情，相信美好，每一次相见，都如初见；每一次相恋，都如初恋。总有那么一个人，花光了所有好运，只为遇见你。对你说：“很高兴认识你，万里挑一的好姑娘。”

不将就，等他来

你若不来，我怎能将就？

——思言思语

梦蝶欲哭无泪，老爸又催婚了。孝顺的她无奈地说：“爸爸，您定吧，都听您的。”老爸急忙订酒店，梦蝶说：“爸，我建议明年五一。”老爸十分心酸地说：“你都这么大了，爸着急呀。人家都问我何时做外公呀？我只能笑笑说‘等闺女结婚时，请您喝喜酒哟……’哎，我很尴尬……”梦蝶的心突然痛了，那是自己最可亲可敬的爸爸，因为自己迟迟未了的婚姻大事丢了面子。

她很无力，只能说：“爸，对不起！我这么大还让您操心。”

半年后，梦蝶在亲友的祝福中走入婚姻殿堂。但是她并不欣喜，反倒有一种无形的压力。追了她六年的孟伟成为她的先生。六年，论时间也不短了，但她对他一直缺少那种心动的感觉，同他结婚只是为了对父母有个交代。

原本犹豫的心在婚后更加慌乱了。一年后，她恨极了那时软弱的自己，没有面对真实的自己，没有勇气坚持自己，欺骗自己接受了这桩婚姻。但她很想说：“你知道灵魂受苦的感觉吗？重点是还牵连了另一个灵魂。”

原来，在情窦初开的年纪，梦蝶喜欢上了一个男生，男生长得阳光帅气，他对梦蝶也一样痴迷。只是，认为早恋万万不可的妈妈，苦口婆心地跟梦蝶讲：“完成学业是第一要务，女孩子千万不要因为早恋悔恨一生。”还罗列了早恋生子后的各种情感悲剧。于是，孝顺女梦蝶告别了初恋。初恋男友现在依然单身，但却与梦蝶无关。

工作后，梦蝶又遇见一个男生，是一家企业的COO（首席运营官），他优秀且英俊，对梦蝶一见钟情。梦蝶也很喜欢他。然而，认为“太优秀靠不住”的妈妈说：“他很好，你配不上他。这样的男人你守不住的。”就这样，妈妈又一次斩断了梦蝶的情丝。

再后来，梦蝶遇见了现在的先生孟伟，倒也门当户对，两人在一起相得益彰，只是，似乎少了点什么。直到婚后，直面生活中的柴米油盐酱醋茶，朝夕相处时才明白，婚姻不是搭帮过日子，不是为了老爸有面子，没有爱情、没有浪漫的婚姻对女人而言，或许只是悲剧。

梦蝶说，如果可以重新选择，她会这样做：

真诚地对妈妈说："妈，女儿会更优秀，总有一天配得上他，因为女儿真的爱他。"然后努力学习、努力提升，每天更优秀一点，更美一点，更好一点，和心爱的人肩并肩，共同进步，一起走到更美好的明天。

撒娇着对老爸说："爸，我还小呢！您看闺女我这么优秀，您多有面呀。"告诉爸爸："女儿三十不婚不丢人，仓促步入婚姻才尴尬。婚姻不是必须完成的作业，没有人规定一定要在三十岁前交卷。女儿过得幸福才是老爸最在乎的，不是吗？"

微笑着对自己说："面和包我都有，爱情我可以等。"三十岁，一切才刚刚开始！作为女儿，孝顺是必须的；作为女孩，你有义务让自己不将就！对象不难找，难找的是心头好。

爱情就像钻石，你可以拥有很多，却只有那么一颗能够成为永恒。总有一人，为你而来！那么，又何必着急呢？无论如何，你若不来，我绝不将就！

错过风，错过雨，不会错过你

在同学聚会上，男生们说："小美啊，你可是咱们系的系花，听说，法律系的肖大才子钱包里放着你的照片，每天晚上都要看一会儿才休息。"

小美讶异，那可是她大学时的男神，怎么可能喜欢自己呢？如果真心喜欢自己，那他为什么没有追自己呢？

我们总是在偶像剧或小说里看到男生对女生说"让我追你吧"，或者有一场精心策划的求爱仪式，结果不外乎两种：女生被打动投入男生怀抱；或男生被拒绝。

相比追求的仪式，彼此喜欢是更甜蜜的浪漫。

往往在一起的情侣，被问到谁先追谁的问题时，都不知道当年是谁主动，女生以为自己先追的男生，不料男生却说：

“我先追的她，遇见她、认识她，都不是偶然，而是因为早已对她一见钟情的我，用尽心思想要和她走过余生。”女生听后，心都要暖化了，才知道，喜欢一个人，不过是因为恰好对方也喜欢自己。

所以，如果不知道为什么男生喜欢你却不追你，那么这时，请先问一下自己：“我喜欢他吗？”因为，即便被再多的男生喜欢，都不如有一个他，恰巧和你两情相悦。假如你也刚好喜欢他，你知道他也喜欢你，那么，谁先追谁，并不需要求爱的浪漫仪式，一次偶然的相遇，一个眼神的交汇，彼此心中便会了然。因为彼此喜欢而在一起，即便没有求爱的仪式，也不会少了浪漫和甜蜜。

不必勉强将就，真爱不会错过。

大学期间，追小美的男生很多，每逢各种节日，法学院401的女生宿舍都被小美收到的礼物堆满了。甚至还有男生放烟花、摆蜡烛，在宿舍楼下大喊“小美，我爱你”。无一例外，这些追求都被小美拒绝了。

小美也想谈一场校园恋爱，不过心动的感觉迟迟不来。她心中也有一个爱慕的男生，因为听到关于他的点滴而心花暗放。她知道，那是自己想要牵手走一生的人。追求小美的人中不乏高富帅，大家都以为小美心气太高，只是她知道，感动不是爱，感情不可勉强，爱情不可将就，即便现在少了花前月下、风花雪月，那又如何？她不着急，不慌乱，只有等待。因为她相信，真爱不会错过。

如果余生是你，我来找你，晚一点也没关系。

随着时间的流逝，小美对肖大才子的喜欢越来越坚定。28 岁的她说：“你在来找我的路上吗？没关系，我也在去找你的路上。”如今的她，可以和他站在一起，相得益彰。小美不知道，他的肖大才子，那么努力，也是为了等待这一天的到来。30 岁，而立之年，他终于找到她，成就一段爱情，得到亲友的祝福和见证。一年后，他们有了爱情结晶。很浪漫，不是吗？

爱一个人，不是两三天，而是心中确定要一辈子；

爱一个人，不是说喜欢，而是做的每一件事，都在说爱你；

爱一个人，不是风花雪月，而是想要和你在最平凡的小事中，享受时光。

愿你的爱情里，余生有他！

与其幻想，不如行动

与其幻想天长地久，不如珍惜触手可及的每一次。

——思言思语

网络上有人问：“和男朋友一起出去旅行，该怎么分担旅游经费？该不该AA制呢？可以这次让他请，下次我请他吗？”著名作家钱钟书先生曾说：“如果你爱一个人，那就和他去旅行，如果旅行过后你们仍旧相爱，那就结婚吧。”是的，男女朋友出去旅行，是考验感情的一种方式。同时，旅行也涉及两人一起生活的方方面面。正如《围城》中这段话：

“旅行是最劳顿、最麻烦、叫人本相毕现的时候，经过长期苦行而彼此不讨厌的人，才可以结交朋友……结婚以后的蜜月旅行是次序颠倒的，应该先同旅行一个月，一个月舟车仆仆以后，双方还没有彼此看破，彼此厌恶，还没有吵嘴翻脸，还要维持原来的婚约，这种夫妇保证不会离婚。”

所以，一场旅行中，即使一个人考虑得再周到，也难免会不够全面。如果他已经做到了90分，那么，你可以做好另外的10分。如果他定了机票或者报了旅行团，那么，你可以准备一些旅行中需要的小物，旅行过程中产生的一些其他消费，你也可以主动买单。如果他连这些小细节都处理得非常好，那么，你还可以这样做：

做法一：旅行后，算一算男朋友为你们这次旅行支付的花销，偷偷转给他一半。你为他分担，他会觉得很开心、很感动，即便他不会要你破费，你也可以这样做。

两个人在一起，彼此共进，才能岁月静好，如果只是一个人负重前行，即便是有足够能力承担，心也会渐渐疲惫。所以，当好女朋友，就要特别注意，既要撒娇，又要体贴；既要让他有付出感，又要让他获得在这份恋情中持续付出的动力。若是能做好这些，不光是能有一次快乐的旅行，未来生活中，他对和你一起旅行这件事，也会充满向往。

做法二：你主动提出旅行的下一站，主动找路线，做行程安排，征求他的意见，向他请教。这既是自己的成长，也是给他和你之间的爱情一个特别的礼物。

付出的过程中你会发现，倾注两个人心血的旅程，比一个人单方面的大包大揽要更幸福。

和天长地久相比，过好每一天更重要；和下一次相比，这一次更重要。因为只有好的这一次，才有更好的下一次。

无论男生女生，跟随自己的内心，去和他开始一次愉快的旅行吧！

I SLEEP

在爱情里勇敢面对

> 无论如何，希望你在爱情里勇敢面对，更好地保护自己！
>
> ——思言思语

一个姑娘问我，男友已经两天没有联系我了，却在发朋友圈，但我们没有吵架，怎么办？

我的建议是：主动联系，主动问他。

两天没联系，他是真的很忙吗？

还在发朋友圈，显然不至于忙到连一分钟关心你的时间都没有。所以，他没有联系你，一是不那么在乎你的感受，二是这两天真不想联系你。又或者，根本没有想到你。

你们并没有吵架，所以不是冷战。

他不联系你，纯属无缘无故，你感到莫名其妙、委屈、甚至担忧。那么，他之前一定时常牵挂着你，并且，都是他主动联系你，想和你聊天。所以，这一次时隔两天没有联系你，你觉得非常不适应，心里想："他为什么不联系我？""他到底是什么想法？""我该怎么办呢？"他的冷淡和沉寂似乎毫无征兆，你却开始走了心。

你有没有试着主动联系过他？

你是不是主动联系过他？还是你联系他了，他压根没有理你，继续发朋友圈无视你的存在？你和他联系，只是局限于微信朋友圈吗？能不能打电话？或者见面？

换个方式，了解他的心情，如果他真的发生了什么，给他适当的关怀；如果他只是不想联系你，那么，也许他是不那么喜欢你了，并且放弃了对你示爱，不联系只代表不想联系。

你说他是你男友，那么，作为女朋友，你认为自己是怎样一个角色呢？

你是被动享受他主动和对你的关心，从来没有主动去关心他真实的心情、他所面临的生活和工作吗？既然认定彼此是男女朋友，那么，在这段感情里，付出应该是相互的，而不只是单方面的。

没有人会一直在原地等你，无论男人还是女人，在一段感情里，都希望得到对方的重视、关爱和呵护，如果只是单方面的付出，很可能不会太长久。如果爱，请珍惜，千万不要等到对方离开，才发现自己的真心。

男女朋友，通常不会无缘无故冷淡对方，更不会无缘无故让对方伤心。

很多男生在追女生的时候，用尽了热情和心思。当女生答应做他的女朋友，在他心里这份关系就已经确定了，也许他不会再像热恋时期那样对待这个女生，所以能做到一如既往的男孩真算得上“三好”男友。但是女生会认为，他会一直对我这么好，他怎么可以变冷淡呢？继而忘记了，他是你的男朋友，他也需要女朋友的关怀。

无论如何，我想，一个好的男朋友，不会随意冷淡自己的女朋友，更不会随意伤害她的少女心。

所以，我建议你：

一是不要凭空猜测，因为你一定猜不到他真实的想法，任何人帮你做的分析，都不能真正让你做决定，如果你听信了某个人给你的建议而做出选择，那么，你很有可能会后悔。

二是主动打电话问候，问问他这几天遇到了什么事情，他是否在乎你的关怀？如果他敷衍塞责，相信你能够判断出来。这样做，你能给自己一颗定心丸，也能知道他的真实心意，便不会庸人自扰之。

三是正确看待你们之间的感情，他对你是真的不上心？还是只是这两天累了？我想你需要他给你一个明确的回答，而不是任凭他忽冷忽热让自己被动受伤害。如果你主动联系关心他，他依然爱理不理忽冷忽热，那么，很明显，他只是不想联系你了，而他，真的没那么爱你。

无论如何，希望你在爱情里勇敢面对，保护好自己！

相爱相处，距离未必产生美

> 你不在，我也过得很好，可这不代表你不重要。
>
> ——思言思语

转身别过，此情奈何。海底月捞不起，心上人不可及。男人一旦过了热恋期，对女朋友的态度就会立刻冷淡下来，不像以前那么频繁地打电话了，也不像以前那么频繁地发消息了。态度的转变会让女生有很大的心理落差，想联系又觉得自己太主动，不联系心里又不舒服。好不容易鼓起勇气联系他了，他的回答又十分简洁，让你根本没办法继续聊下去。这种情况下，很多女生会高冷地选择不联系，但是这样，真的能让他更爱你吗？

忍住不联系，他就更爱你？或许会吧。而我很想给你一个拥抱，希望你不要掩耳盗铃，不要一厢情愿，不要在爱情里受伤害。

忍住不联系，大概是真的受了伤

你的热情换来一片冷寂。从早安到晚安，没有一句回复。若是能够好好聊天，又怎么会忍住不联系呢？

因为不爱，所有都是错的。你经常联系是错，不联系也未必是对。

遇到这样的情况，即便你忍住不联系，在他的世界里，都没有太大差别。他习惯了你的关心，习惯了你的问候，习惯了你的牵挂，习惯了你的付出，唯独没有习惯对你及时回应。

爱你的人，即便他再忙，对你都是有时间的，未必会秒回，但只要看到，都不会不理你，不会疏离你，不会对你束之高阁，更不会对你不理不睬，任由你胡思乱想，独自疗伤。

我的建议是：想联系就联系吧，同时，也能让自己更加明白他对你的心意，让自己尽快放下，从一段错爱中走出来。

另外，我建议你换其他方式联系，不一定是不停发微信等待他的回复，电话联系或者见面说清楚，谈明白，不要在暧昧中受伤害。毕竟，情感沟通不能只靠文字，你的眼神、你的表情、你的情绪、你的“为伊消得人憔悴”，比微信更能传达你的心意。如果他不懂，那么，你该明白：他不是不懂，只是不想懂你。

停留是刹那，转身是天涯，掬着一捧水，必然流光，放手，却能纵情山川湖海。

深爱的两个人，最好不要冷战

深爱的两个人，闹别扭不联系对方，其实无非是希望另一个人主动示好，对你更好一些，更爱你一点。

其实，适当的撒娇和朦胧的羞涩或许是可爱，过度扭捏可能会适得其反。因为他不知道你的想法，还以为你是真的不爱了，更加不敢靠近你。

一颗心对另一颗心的呵护和慰藉，才能算得上相爱吧！恨不能相濡以沫，时刻在一起，而不是用冷暴力去伤害对方，反其道而行之。

所以，我的建议是：冷战一定要适度，并且有个期限，比如一天，不要超过一个星期。如果相爱，为什么要让彼此伤心呢？无论是男人对女人，还是女人对男人，都请避免通过冷战的方式来索取更多的爱，因为只会徒劳无功，最后落得独自伤悲。

相爱相处的智慧

遇到情感问题，不要想着“距离能产生美”，更不要用生气或冷战来惩罚彼此，真心相爱的两个人要学会相处的艺术，多沟通，多包容，多体谅，才能相濡以沫，情意绵绵。

“兰之猗猗，扬扬其香。不采而佩，于兰何伤。”在喜欢你的人那里做个孩子，在不喜欢你的人那里看清世界。希望我的解答能带给你一点帮助或心灵的慰藉。

你若将心放在别人手上，又如何能讨价还价？

把你当成掌心里的宝

> 好的爱情，是将对方的缺点当成生活乐趣，你和他，共同寻找着属于“我们”的乐趣。
>
> ——思言思语

小美是一个积极乐观、做事认真的人，但因为被男友嫌弃，被迫分手。嫌弃的原因竟然是因为错别字。前男友只要看到她写错别字，就抓来数落，数落到眼袋都快掉到前脚尖儿了，甚至为了一个错别字当众辱骂她。就是因为这样，他和小美分手了。

现任的男友对她完全不一样。每每看到小美的错别字，男朋友不但不生气，反倒会逗她开心。有一次，小美出差给男友发邮件，上面写着：“这里太冷了，大家都动手动脚，爱，忘了戴手套啦……”她男友看到了，就开心地逗她说：“宝贝呀，你要笑死我了，动手动脚，还没带手套，哈哈哈，谁对你动手动脚呀，敢对你动手动脚，还不带手套，那我就去揍他……哈哈哈。”

这段话，明明是错别字，却让彼此增进了感情。就像白板上有一个黑点，请问你去看黑点还是看白板呢？许多人的回答是看黑点，因为大多数人都把焦点放在瑕疵上，看着白板上的黑点，越看越闹心，心情也就不美好了！如果你多看几次这张白板你会发现，白板上 99% 都是那样的完美无瑕。就像我们的皮肤一样，每个人脸上都有些许的雀斑、皱纹，但是，我们可以忽略不计，因为没有谁是完美的。

人生不如意，本就十之八九，我们何不常想一二呢？多想美好的事物，你的心情自然会美好起来，美好的事物也会离你越来越近。

懂得看对方优点的情侣，感情会越来越好！他们可以彼此激发对方原本意识不到的潜能与才华，也许会把另一半发掘为一座宝藏。

当然也有人说“爱情可以让你变成瞎子，看不到对方的缺点”，我觉得有这样说法的人不能算优等生。

真正好的爱情，就是当你知道了他并不是你所崇拜的人，而且他还存在着种种缺点，却仍然选择他，而不因为他的缺点而嫌弃他、否定他。

好的爱情，不单单是包容对方的缺点，而是要将对方的缺点，当成生活中的乐趣，你和他共同寻找着属于“我们”的乐趣。

朋友、同事、家人之间的相处，亦如此！

为什么越来越多的年轻男孩爱上了“小姐姐”

> 无论我们是哪个年龄段的女生，不断充实自己、提升自己，让自己由内而外知性美丽，才是最重要的事情。
>
> ——思言思语

其实，我们都不应该戴着有色眼镜去看待爱情。首先，这是一个“小姐姐”越来越受欢迎的时代。越来越多的男生迷恋上了“小姐姐”。为什么？

首先，他们不是看中小姐姐的钱。试想，如果一个女生很有钱，男生就会爱上她吗？显然不是。小姐姐身上有十大特征令小男生迷恋（摘自“思敏家”齐公子轩的总结）：

一是有着小女生不具备的成熟妩媚与风情万种；

二是浑身上下都散发出令小男生们渴望的母性光芒；

三是有着让所有男人无法抵抗的女人味；

四是通常谈吐优雅并且遇事冷静；

五是特有的知性美与高贵气质；

六是拥有自尊、自信、自爱的独立品质；

七是更容易有宽容和关怀他人的情怀；

八是大多经历比较丰富，不造作，像是一本原汁原味比较耐读的书；

九是更懂得身心合一的爱情，更能体会爱的欢娱中所包含的情感内容；

十是知冷知热，容易成为男人们的“红颜知己”，尤其是小男生，更容易被这样的爱情打动。

年轻男孩在外打拼，真可谓“无人问我粥可温，无人与我立黄昏”，这时候，尤其渴望一份温馨的呵护。小女生在这个时候，往往扮演着“野蛮女友”的角色；而小姐姐，却更懂得他的不易。

其次，爱上“小姐姐”并不意味着能少奋斗20年。

一来，奋斗代表着一个男生的上进心，和“小姐姐”没有太大关系。如果这个男生想走捷径，那么，最终的结果是，没有捷径可走。如果这个男生心怀壮志，那么，恰好遇到一个能帮助他的小姐姐，是他的幸运。

二来，能不能少奋斗20年，除了加倍努力，还需要一定的机缘。

有人说，结婚前，生子后，是一个人“运气爆棚”的时候。或许有着甜蜜爱情的滋润，男生会有更多的奋斗动力，这个时候好运不期而至，也未可知。总之，祝福每一份真诚真心真意的爱情，年龄、财富都不可作为衡量爱情的标准。

每个女人心中都住着一个小公主，所以，无论多大年龄，女人的心中都会有公主梦，也会有“公主病”。因此，爱与年龄无关，男生若喜欢女生，就会看到她小女孩的可爱一面，就会呵护她，保护她。

年龄小的男生只要心智成熟，就一样可以跟比他大的女生在一起交往，甚至说他有想呵护对方的意愿，而女生也有被呵护的感觉。

所以，与其说男生喜欢“小姐姐”，不如说喜欢的是“小姐姐”身上的气质，关乎心理年龄而非生理年龄。

爱情中，每个人都有“病”

> 不必羡慕马克龙把布里吉特宠上天的浪漫爱情，其实每个女人都可以成为布里吉特。
>
> ——思言思语

我录影的时候遇到一个很感人的故事。

女生35岁，男生只有26岁，他们相差9岁，在舞台中间，女生说：“我的才艺是抱着我的宝宝，请我老公弹琴，我来唱一首歌。”

说实话，女生的歌声很普通，但是她唱歌时含情脉脉地看着自己的老公，歌声中微微发颤的语调，一家三口的温馨画面让很多人流下感动的泪水。

主持人采访男生说：“请问你的老婆大你几岁？”

男生很大声地说：“她大我9岁。”

全场的观众一片唏嘘。

说实话，他们两个站在一起，女生看起来确实比男生大一些。

男生接着说："我们是在酒吧认识的，我是一个孤儿，一个驻唱歌手。我什么都没有，一天只有 300 块钱的收入，没想到我跟她相识之后，她带给我温暖，给我关怀，我只想为她唱歌，就这样我们相爱了。"

女生马上接着说："是的，我很感动，他每天只有几百块钱，当时跟我说的一句话是'从今天开始你是我的女朋友了，我要养你，养你一辈子，无论我们吃大餐也好，路边摊也罢，或者你每天陪我吃小笼包都行，从今以后我不会让你花一分钱，因为我是男人，我就是要养你。'"

女生记住了这句话，她心里默默在想，如果一个男人可以在他最贫困的时候说出"我养你一辈子"这样的话，对她来讲就是世界上最浪漫的情话。

女生当时是地产公司的销售总监，月薪大概在 2.5 万到 3 万元，日子还算过得不错。当她听男生说"我养你"这句话时，她觉得这男孩真比那些只会吹嘘自己的男人更实在。

记得男生 23 岁生日那天，他带着他的女朋友来到一家琴行，他说："今天我满23岁，本来想和你去吃大餐，但要花钱，不如我给你弹唱一首歌吧，这把吉他的音色特别好，我看了好久了。"于是他抱着吉他一边弹一边唱，满眼都是对女生的爱。女生说："你喜欢这把琴吗？"他说："我喜欢，但是我现在不买。太贵了，要两三万呢！"就这样，女生在男生不注意的情况下把这把吉他买了下来，把它捧在手上送给了男生，对他说："这是我送给你的第一个生日礼物，祝你生日快乐。"

男生看到后都呆了，说："你有病啊，我从来不过生日的，也没有人给我过生日，我今天只是想给你展示一下，再说我们现在只有吃一屉小笼包的钱了，你还花这么多钱来买一把吉他送我，我真的不想要。我不要让别人说我花你的钱。"

听到这里，我想大部分的女生都会回答说："你才有病呢，我送你这么好的礼物，你还说我有病真是不解风情。"但是没想到这个女生说："对呀，我就是有病，我只对你有病，而且病入膏肓，因为我爱你呀，所以这就是我的病灶。只有你医的好我！"男生虽然嘴上说女生有病，但心里暖暖的真的好感动。他转过身去，轻抹了一下自己的眼泪，右手紧紧地牵起了女生的左手，另外一只手拿着那把吉他。他在心里默默做了一个决定："我要娶你做我的老婆，请你等我长大好吗？"

那一年他23岁，她32岁。

从那天开始，男生更加努力地工作赚钱，他想要给她一个家，一个属于他们俩的家。他要努力赚钱买房子，把女生当作自己的公主一样疼爱。男生想，未来在任何的聚会，我要大声地跟我周遭所有的朋友说她是我的女朋友，未来我要娶她，要跟她结婚。

可是没想到每次聚会中，周遭的朋友都对女生投来异样的眼光，还有些许关心他的哥们跟他说："你有事没事找个姐姐带在身边做什么？"但是这个男生很笃定，他就是爱这个姐姐，就是要跟她在一起，永远在一起。他为了她学煮菜做饭，努力工作，虽然23岁的他还没有物质基础，但他有梦想，想自己创业、赚钱，想买房子，女生成为他每天工作的动力和目标。他想跟她在一起生活一辈子，相亲相爱，相守白头。

而女生周围也有不少大叔级的男人对她抛来橄榄枝，有着各种蓝颜诱惑。可是女生心里只有这个男生，她深爱着这个男生。

正在彼此热恋的时候，女生的公司有一个到国外培训的计划，一走就是两年。两年，对很多恋人来讲并不算很长，但是对这一对姐弟恋来讲，似乎两年更是对彼此的重大考验吧。

就在女生收拾行囊准备出发之际，男生花掉了所有的积蓄，给女生买了一张头等舱的机票，他对女生说："你是我最爱的女人，我不要你这么辛苦搭十几个小时的飞机，到时候腰酸背痛的，我不在你身边，谁给你按摩呀？你是我心中的公主，我要宠着你，我要呵护你，我要爱着你，所以公主只能搭头等舱。"女生看着男生，眼中噙着眼泪说："你有病呀？"男生傻傻地笑着说："我就是有病，我只对你有病，我病入膏肓，等你两年后回来，帮我医好可以吗？"女孩轻抹了一下眼泪说："你长大了。"

就这样，女生来到了美国，而男生依旧在酒吧里唱歌，用休息时间做着各种兼职，他只想追上女生，想离她的生活更近一些。

两年里他们只能通过视频、发邮件来聊天、恋爱。女生为了把工作做好，两年里面从来没有回来过，她更希望省些路费回来给男孩再买一个更好的吉他。

转眼到了男孩25岁生日那天，一通越洋电话打来，女生对男生说："你在吗？你在家吗？"

男生说："我在呀。"

女生说："你今天没有和朋友一起过生日吗？"

男生说："没有，我在等你的电话呢。"

女生说："在家就好，你家门外面有你的快递，是我给你的礼物。"

男生说："不要给我买什么礼物了，真的，只要我们聊聊天，说说话就好了。"

女生说："你出去看看嘛，快递哥就在你家楼下，你看看你喜欢不喜欢这个礼物啊？"

男孩无奈地把门打开，当他打开那一刹那，他惊呆了，没想到门口是一把他梦寐以求的吉他，而"快递哥"说："你喜欢吉他还是喜欢我？"

男生一手拿过吉他，一手拉住"快递哥"的手顺势把她拥入怀里，说："宝贝，你有病呀？真的有病。"瞬间泪奔。

女生说："我就是有病，我对你的爱就是一种病，而且病入膏肓，难以医治。我求你把我医好可以吗？"

就这样，他们结婚了，一年后生了宝宝，一家三口过着快乐幸福的生活。

过往多少人不看好他们的爱情，不看好他们的婚姻，而他们却用真爱走在了一起，互相协助扶持，成就彼此。

听说男生现在已经有了自己的工作室，而女生做起了老板娘，并且也开了自己的小公司。

生活中不缺少浪漫的爱情故事，只是我们关上了发现浪漫爱情的眼睛。这段相差 9 岁的爱情也成为了他们朋友之间传颂的佳话。

看似平淡的爱情故事原来如此浪漫。我相信很多人看到这个故事都在幻想着自己的爱人在哪里，其实不必幻想，你会发现你的爱人也许就在转角处等你，而你没有给自己回眸的理由。

当你喜欢一个人的时候，就去追他吧，不要在乎他的身份地位家庭和年龄，因为真爱可以打败所有，真爱无敌。

记住，在爱情中每个人都有“病”，每个人都病入膏肓，无药可医。只有遇到对的人，遇到你爱的，爱你的那个人才会被“医”好。

爱情不分国籍，不论年龄，不论家庭，只论你们是否彼此真心相爱。

JUST
AN
TALIAN
SPRESSO

你的少女心，我能懂

> 每个女生都有一颗娇柔的少女心，请不要用冷漠淡然让她变成玻璃心。
>
> ——思言思语

爱情中，每个女生都有一颗少女心。有的男生可能永远不知道：性和爱之间，女生更在乎爱。比如，大多数女生喜欢拥抱的感觉。为什么呢？

女生想要抱抱，是想要被爱的感觉。记得有这样一个故事：两个男生共同追求一个女孩，女孩说："你们去环游世界吧，然后再来找我。"其中一个男孩真的踏上了环游世界的旅程，期待早日归来抱得美人归。而另外一个男生则是围绕女孩转了一圈，然后单膝跪地，向女孩求爱，说"你就是我的全世界"。女孩自然感受到了他的爱意，成为了他的女朋友。

一个女孩并不会想要随便的抱抱，她只想要她在乎的人爱她。和昂贵的礼物相比，她看中的是一颗你爱她的心。你可以忙碌的工作，但不可以忽视她的存在，她很敏感，很没有安全感，就像一朵娇嫩的玫瑰，需要呵护、需要浇灌、需要关注。你若对她置之不理，任凭她被风吹雨打，她会很伤心，渐渐变得“懂事”“坚强”，也渐渐不需要你。那个时候，她不说一句话的样子，也就预示着你们的感情走到了尽头。

女生想要抱抱，是真的想和你在一起，她迷恋在你怀抱里的温暖，迷恋在你眼里她是小公主的样子。每个女生都有一颗娇柔的少女心，请不要用你的冷漠淡然让她变成了玻璃心。

你若爱，请深爱，不要敷衍，不要疏离；你若不爱，请走开，会有王子在前路等她，她的痴心，绝对配得上最好的爱！

所以，女生撒娇闹别扭甚至提分手，其实是另一种“我爱你”“我需要你”的表达。这时候，男生不要真的较真，认为她无理取闹，给她一个大大的抱抱，更能温暖她的小心情。

相信自己的感觉，爱与不爱你做主

> 脆弱和笨拙相映而生，人往往失去判断的能力。
>
> ——思言思语

一对恋人走进速食店，男孩牵着女孩的手，将刚买的一个热腾腾的汉堡，递到女孩的手中，女孩瞬间感觉到蜜意油然，两人甜蜜地你一口我一口吃起来……

男孩离座接电话，隔壁一位姐姐走过来，面带难色地说："小妹妹呀，你真是可怜，刚出去的是你男朋友吧，外形还不错，不过，对你也太小气了，难道不知道汉堡要配个饮料吗？这男人不但小气，还不珍惜你，有什么重要人的电话还要背着你接……看到你就想起我自己，当年我和你一样……哎……不说了，我们都是女人，我只是心疼你。妹妹，记住，太小气的男人不能嫁……哎……我可怜的妹妹呀……”

这位姐姐说完就走了。女孩放下了手中的汉堡，心想，这位姐姐说的不无道理。男孩回来了，看女孩汉堡没吃完，拿起来就吃了起来，三两口就吃完了。女孩说，你怎么这么自私，这么小气呀。刚刚在和谁讲电话？男孩顺势回复：“我一朋友，你不认识。”就这样，女孩甩开男孩走了，男孩呆呆愣愣地站在那里……5 年之后，女孩听说男孩结了婚，生了娃，有了车，买了房……女孩呢？一个人依旧在北漂。

故事暂且告一段落。看完你有何感想？

恋爱、结婚、工作、交友……归根到底，不要让别人的“泡泡”影响了自己的生活。

当今社会是速食生活的时代，我们处在各种诱惑中间，被多个事物撕裂着，灵性被撕裂久了，失去弹性，脆弱和笨拙就会相映而生，则难免失去判断的能力……这时，为了讨找灵魂的慰藉，人往往做出无脑之事。

请相信自己的感觉吧！感知了，感悟了，懂了，就懂了；不懂，也懂了。

Chapter 3

美好的爱情就是：对的时间，遇见对的你

暧昧，爱情里最远的距离；等待，是幸福的一种仪式；能走开的，都不是最爱；彼此有心，终会地久天长。走了那么远，无非寻找一盏灯，选择，行动。良人就是你自己，允许自己做自己。美好的爱情，就是在对的时间，遇见对的你。

遇见对的人，让爱情滋养灵魂

> 我常说，女人要找一个“养”你的男人，不是供养、奉养，而是滋养。一个好男人之于女人，不只是容颜的改变，还有生命的丰盈，更有灵魂的润泽。
>
> ——思言思语

婚姻里一个男人对女人的影响有多大？都说一个成功的男人背后少不了一个伟大的女人，一直强调女人对男人的影响，直到我看见了一篇说男人的性格会影响女人容貌的文章。我想，生活中，男人能影响女人的不仅仅是容貌吧？

男人的格局对女人的影响

有的男人尊重女人，让女人变得越来越优秀；有的男人想方设法把女人变得平庸，用柴米油盐酱醋茶和孩子锁住女人；有的男人更是慢慢地让女人失去自我，甚至直接把她拉下火坑！因此，“女怕嫁错郎”，选错人的代价可能就是把你同化成和他们一类的人。而选对一个男人，则不亚于涅槃重生，能让一个女人的生命焕发新的光彩。

爱你，并尊重你

“他很爱我，只是性格……只是习惯……只是情绪……”亲爱的，不要自我催眠。爱是显而易见的，他不喜欢榴莲味儿，却能接受你对榴莲的喜欢；你不喜欢烟味儿，他为你戒掉多年的烟瘾；他喜欢长发飘飘和性感身材，却能接受你的小短发和平板身材；他的女神是玛丽莲·梦露，你却是她最珍爱的掌中宝；哪怕全世界都不在意你的努力，他也会一直在你身边支持你，鼓励你。爱是他不喜欢全世界，只喜欢你，在外是冰山，回家是火焰。如果不爱，才会有所谓的性格问题、习惯问题、情绪问题，因为他不够爱你，或者他更爱自己。

作家乔一在《我不喜欢全世界，我只喜欢你》这本书里记录了与F先生的花式恩爱法，那是真正的爱情，在琐碎的细节里，清清楚楚，明明白白。我们也因此明白，爱可以言说，爱显而易见。

懂你，陪伴你

女人的一生何其短暂，有的女人在婚后还能开启第二次生命，有的女人则是一旦步入婚姻大门便已失去此生。

哥哥小明和小月相差 18 岁，小明结婚的时候，小月只有 6 岁，她清楚地记得新婚的嫂子貌美如花，温柔体贴。

一年后，嫂子生下小侄儿，母亲勒令嫂子再生一个孩子，不然永远不要进这个家门。

两年后，嫂子又生下一个小侄女，儿女双全，和乐美满。

然而，这是理想。现实是，哥哥小明回家的次数越来越少，对嫂子十分冷淡。嫂子请母亲劝劝哥哥，母亲却说："作为女人，你的男人不回家，难道不是你自己的问题吗？"

又过了三年，两个孩子陆续入园，嫂子想开个花店，哥哥却说："有我养你，你不需要工作。"于是，嫂子渐渐活在了朋友圈，经常发一些自拍，面容倦怠，眼神忧郁，嫂子说："没有人理解我。"

曾经，小月特别羡慕嫂子，因为小月认为，哥哥小明是这个世界上最好的男人。然而，就是这个世界上最好的男人，让美丽温婉的嫂子变成了一个抑郁症患者。嫂子嫁给了一个不错的男人，却没有一个懂她陪伴她的老公；她空有一个妻子的名分，却只是一个家庭传宗接代的生育工具。

小月嫂子的不幸，不是一个女人的不幸，是许许多多女人的不幸。

婚姻中，女人的要求并不高：请把她当作一个女人，请把她当作一个妻子，请把她当作你的伴侣！

幸运的女人，遇见一类男人：了解她，帮助她，滋养她，成就她；给她爱情，给她保护，给她指引，给她怀抱，给她舞台，给她未来；更有甚者，使她成为一代传奇女子。

这样的男人，我们在书中见过，也愿你我她，都能够遇见！

亲密关系中，该远离哪些致命的坏习惯

相处五年了，小刚都习惯了小文的絮叨，可没想到，“七年之痒”却来得那么早。

小别胜新婚。通常来说，每次小刚出差回来，小文都会心情大好，两人相约去吃重庆麻辣火锅，这次也不例外。然而，从见面开始，小文就在抱怨；下车后，依然在絮叨；开餐后，还在唠叨。小刚不说话还好，开口附和了一句，小文突然间情绪大转，把矛头对准了小刚，对小刚大加指责。小刚的心瞬间凉了，甚至萌发了离婚的念头。他在想：我俩关系到了如此程度，还有什么意义？不如分手，一别两宽，各生欢喜。于是，小刚开始了对小文的冷暴力——不闻不问，不理不睬！

小文和所有女人一样，喜欢抱怨，喜欢絮叨，喜欢猜疑，因为她以为，老公是自己的专属，却忘了，即便他再怎样痴爱宠溺自己的妻子，他毕竟也有自己的情绪、需求和心理安全距离，心有灵犀一点通的默契在亲密关系杀手面前，脆弱到不堪一击。面对小刚的冷暴力，小文很难过，同时被迫在学习中反思。

拒绝情绪化——人的心理需要充分成长

老公不是妻子的情绪宣泄对象。妻子要懂得在老公面前以合适的方式表达，适当和爱人交换彼此的感受。对方不了解自己没关系，给足他时间和空间，用合适的“身份”和“方式”来表达自己的需求，从而让对方满足自己的需要，而非图一时口舌之快。情绪失控式的抱怨是错误的压力排解方式，照顾好自己的情绪，而非要求婚姻中的另一方来为此买单。

拒绝猜疑比较——爱不意味着拥有一个人

喜欢一个人和爱一个人有什么区别？喜欢一个人更多是自我内心感受，是他之于我的意义。爱一个人更多是指为他做一些事的动力，是我能够为他做出的付出和奉献。婚姻中最怕猜忌和比较，换言之，付出感与得到感不可相提并论。不要去想着“我如此爱他，为什么他没有这么爱我？”“恋爱时他对我无微不至，现在平淡如水。”激情之爱总是短暂，然而，相爱的两个人不正是为了走向这平淡的幸福吗？此时，切勿去拿热恋时的心动之感来要求对方，更不必去怀疑对方三心二意婚外有她。其实，猜疑、撒娇、比较不过是在说，“我爱你，我需要你的爱”，那么，不如直接说出来。对男人而言，听到看到的就是第一感受，他更加希望自己的妻子直接表达爱意。

拒绝冷暴力——别拿自己的尺子量对方

渲泄情绪不满是导火索，争吵是冷战爆发的起点，冷暴力则是亲密关系毁灭的开始。结果至此，不过是因为——彼此都在拿自己的尺子来丈量对方。

怎样回暖？走好四步：

第一步，赞美。回到爱情的起点，欣赏对方的闪光点，真诚地赞美对方。

第二步，共情。关注对方的情绪，关心他的心情，明白他的压力所在，理解并为对方疏解。

第三步，爱慕。让对方重新爱上你，需要从你自己开始，表达爱慕，如初恋时。你该知道，你的爱人不是任何人，而是那个你在茫茫人海千挑万选的独一无二，你是如此爱他。

第四步，让爱的火焰熊熊燃烧。放下一切情绪包袱，去做爱做的事和值得爱的事。

五年的夫妻情感，若是因为一言不合就干戈相向，太过可惜也太不智慧，矛盾的出发点是为了爱，切莫反了方向忘了初衷。小文懂了，小刚理解了，你明白了吗？

拒绝暧昧，用心浇灌一朵玫瑰

暧昧成瘾，一是沉溺于情感甜点的滋味，二是得益于便捷沟通的网络世界，三是无须负责的游戏态度。

我以为，喜欢玩暧昧并没什么值得欢喜，享受那一份恋人未满的欣喜与悸动，就必然承受烟花过后的落寞与孤单。烟花易冷，暧昧却容易成瘾。

暧昧的人，必然没有一份真爱与深爱。如果说，真爱是正餐，暧昧就是甜点。人人都喜欢正餐，甜点却是各有所好。偶尔品尝一点即可，不必当成主菜与正餐。真正的暧昧高手，是对深爱之人，用心浇灌一朵玫瑰，而非处处留情。

暧昧存留于深不见底的网络与夜色笼罩的黄昏，沉迷于暧昧，必然是见不得光。从前车马很慢，一生只够爱一个人。如今，只要摇一摇就可以连接数十好友，看似精彩，实则闭塞。因为车马再慢，都有一个方向，都有一份值得期盼的等待。而网络再快捷，都阻隔了到达彼此心里的路，一旦玩火，无路可退，伤人伤己。

暧昧，朦胧且美好，没有生活的琐碎和婚姻的责任，大有“今朝有酒今朝醉”“人生得意须尽欢”的游戏态度，只是，再怎样的游戏高手，又能真的得到免责声明吗？世界上最单纯却最复杂的莫过于人心。有句话说得好：你永远不知道跟你玩儿的人背后是谁，情感世界的临界点谁又能把握好？权利与义务相对，暧昧成瘾，万万别让自己无法脱身。

说到底，暧昧不过是一种情感需求。会聊会撩不算本事，真能爱一个人到地老天荒才算！故事太多，殊途同归，只想说：与其暧昧，不如恋爱，差别不过一颗心，你若丢弃了它，又该去哪里找回来？万望珍惜！

如若有情，请默默守护

晓梦问：爱上一个有家庭的人，心里梦里全是他，放不下忘不了，请问该怎么办？

我想说：如果不是一厢情愿，向他表露心扉吧！勇敢做个决断。

如果彼此深爱，非在一起不可，那就请他离婚，你也离婚，然后你们结婚，在一起幸福快乐，白头到老。如果他做不到，你也做不到，建议做有情人，不做情人，这是你们最好的选择。

女人的爱是有限的，如果你爱自己，爱自己的家人，那么，深深爱，无须刻意去忘记他，当你全身心投入到你的家庭和当下的生活，你会发现你要的其实很简单。飞蛾扑火、鱼水之欢，只会给你短暂的快乐，不会长久。就像，你想拥有好身材，必须靠自己，吃减肥药或穿塑身衣只会有短期效果或只是显瘦而已。如果他真的爱你，会尊重你，听你的选择。

他爱你，你不会不知道；如果你不知道，那么他一定没那么爱你，不值得你这样入心入梦的痴恋。

总之，女人一定要爱自己，不要以爱之名伤害自己。而即便是两情相悦，愿为红颜，婚外之爱如高空走钢丝，又有谁能权衡保全？都说高山流水遇知音，红颜知己是懂你，守护你，静默无声，心心相印。

在这个世界上，遇见爱，遇见性，都不稀奇，难得的是遇见了解，遇见知己，遇见知心红颜。也许情深缘浅，不能相守，却能彼此灵魂相依，懂得守护对方一生。

大概每个男子都渴望有一个红颜知己，但只有智慧的男人才能守住这份界限。

红颜知己不是相濡以沫甘苦与共的妻子，不是浓情蜜意如胶似漆的情人，而是心心念念心有灵犀的信仰。你尊重她，她尊重你，你们之间，有爱慕，有欣赏，有似是故人来的相识，超越生活，超越爱情，超越物质，是心灵之交。这是一个男人的选择，也是一生难得的遇见。

红颜知己是一个女人最聪明的定位，因为婚姻生活终将回归柴米油盐酱醋茶的琐碎，情人关系终将曲终人散、人走茶凉，到头来一场空，红颜知己却是永恒的归宿，纯洁、美好，如阳光，如希望。无须得到，却已拥有。这是一个女人的选择，也是一生最珍贵的心灵家园。

红颜知己是两个人的心意相通，无欲无求。因为真正的红颜知己，如清风远山，又如空气，不是玫瑰，更非百合。你知道有她，便心安，她知道有你，便无求。彼此相安，便是风和日丽，海阔天空。这样的红颜知己，是两个人的选择，也是一生难得的守候。

怎样才算是红颜知己？不如问心，求己，因为，这是一个选择的问题，并非可以去扮演的角色。

爱一个人最好的方式，是经营好自己

> 永远不要放弃自我成长，让自己处于一个最好的姿态。
>
> ——思言思语

毋庸置疑，女人最该投资自己，无论婚前婚后。

第一，投资你的颜值。

我并不反对“女人负责貌美如花”的观点，女人就该美美的，这是作为女人的权力。颜值有多重要？重要到一切从它开始。试想，两个人心生爱慕，是为什么？是因为好看而对你一见钟情。婚后为什么却对你视而不见？不是因为看不见，而是不想看见。归根结底是因为你不再好看。试问，花开花谢，红颜易老，如果不用心打理，不去投资，女人的颜值能保持多久？所以，女人投资第一要点——颜值。

没有颜值，其他的很难谈得下去。有了颜值，一切就有了好的开始。而且，颜值的投资必须持续。不一定要求你花大把的金钱来锁住青春，而是对自己身体、容貌、健康的爱护。在你为家人、为这个家倾尽全力付出的时候，不要忘了花那么一点点时间，来爱自己。哪怕每天只有一个小时。

第二，投资自己的才华。

我很欣赏很多女人对自己女儿的投资，在孩子还很小的时候，就开始培养她的多种才艺，带她学习舞蹈、练习钢琴、熟悉绘画、训练口才……女人在有孩子之后，尤其是有女儿之后，之所以会选择这样去做，原因有两点：一是望女成凤，想要女儿未来优秀完美，不输给同龄人；二是自己少年时代的渴望使然，想到自己当年没有这样的机会，就请女儿来帮自己圆梦。

记得在孩子班的时候，有一位妈妈说："带女儿去学游泳，她没学会，我学会了；带女儿上钢琴课，她没学会，我学会了；带女儿去舞蹈班，她学会了，又教会我。"说真的，我很佩服这位妈妈。首先，她希望女儿成长，所以带女儿上课；其次，女儿学不会，她没有责怪女儿，而是自己用心学会，这样以后生活中，可以随时指导女儿；然后，她有耐心，直到帮女儿找到自己真正的兴趣所在；而女儿学有所成时，她能迅速转变角色，扮演起了小学生，让女儿当她的小老师，给孩子心灵的满足感。所以，女人婚后完全有必要、也有条件投资自己的才华。机会时刻都有，关键在于你如何去看待。如果你在心中已经放弃了自己，那么，这些机会统统没用。如果你心中仍然保有少女梦想，那么，总能够抓住这些机会。

女人婚后，投资自己的才华非常有必要，一是决定了你能否给到孩子更好的家庭教育环境，二是决定了你婚后是否能够扮演好各种角色。没有人天生就能做好所有的事情，除了学习，除了不断投资自己的才华，没有捷径。

第三，投资自己的财商。

万万不要小看婚后生活中的柴米油盐酱醋茶，你若视它为一地鸡毛，那它就是一地鸡毛。你若认真对待它，那么，你会发现，这门生活经济学相当有趣味。当你学会了投资自己的财商，你就有了足够的底气。在男人对你视而不见，轻视你只会做家务、带孩子的时候，你可以给他好好算一笔账。告诉他家庭主妇也是一份职业，所付出的智慧、劳动是无价的，并不能等同于一个保姆。在男人事业遇到瓶颈的时候，你可以轻松顶起另一边天，撑起一个家。在男人需要倾诉的时候，你可以扮演好红颜知己的角色，为他分忧解扰。而你自己，可以做到经济独立，实现精神独立，给自己一份永恒的保障。所以，女人永远不要放弃投资自己，其核心是永远不要放弃自己。

你所谓的爱，也许不过是一厢情愿的幻想

> 这个世界，谁也不能完全拥有谁。明白这一点，人就不会痛苦！
>
> ——思言思语

嘴角上扬45°，说："谢谢你。"

终于买到了喜欢很久的小花车，林唯抱着"礼物"满心欢喜地走进豪宅。好奇怪，他今天怎么一直藏在沙发后面不愿意站起来？林唯放好小花车，他回头看了一下，面无表情，依然没有起身。林唯很诧异，他怎么啦？可是，脚却被什么吸住了，就是走不过去。犹豫中，他旁边探出一个垂着长发面容清秀的女孩，说："我是他女朋友，你是谁？"林唯怔住了，什么话也说不出来。这会儿，他又突然转过头，冷冷地说："她是我女朋友，你走吧！"林唯再也忍受不了了，

抱起小花车就跑出了门，门外不知怎么却下起了瓢泼大雨，绕过走廊，林唯脚下一滑瘫倒在积水里，怎么也站不起来。透过雨帘和泪眼，林唯看到他站在走廊下，玉树临风却冷酷无情，被大雨浇透了的林唯想让他拉自己一把，可他始终那么看着，一动不动。

被噩梦惊醒，大半个枕头都湿了。起床洗了一把脸，林唯看到镜中的自己，憔悴苍白、红肿的眼睛挡不住黑黑的眼圈，头发乱得不成样子，林唯用手扎起了利落的马尾，嘴角上扬，然后说："谢谢你忍受我这么久的小情绪，我会尊重我们彼此的感情，各自安好。"林唯在心里默默说，是对他，也是对自己。

恭喜林唯，梦醒归来！懂爱之不易。

其实，任何女人都比想象中更坚强，就好比林徽因，大多数人都以为她是多愁善感的四月天，其实她是一位优秀的建筑设计师。

她爱徐志摩，是欣赏和崇拜；她爱梁思成，是陪伴与家的温暖；她也爱金岳霖，是情感的寄托。女人的爱总是那么说不清道不明，偏执的爱很可怕，有分寸的爱才能持久。如果不能克制，就选择离开，或者开始另一段。所以，这才是林徽因的智慧。

这个世界，谁也不能完全拥有谁。明白这一点，人就不会痛苦！所以，当你以为为爱心痛心碎，有可能是胃太饱不小心碰到了心脏，乞求怜爱是没有用的，你应该去散步、练瑜伽、去跑步、去逛街或者整理整理衣柜。所以，当一个女人以为爱一个男人爱得死去活来，其实是陷到这段感情里无法自拔，你不是爱他的钱，不是爱他帅，也不是爱他对你多好，更不是爱他给你承诺和期待，你就是爱这种撕心裂肺去付出的感觉。可是，你忘了自己，你要爱自己啊！所以，当女人遇见一个心仪的男人，总以为遇见了对的那个人，其实，不过是一厢情愿的幻想。好在，总有梦醒时分，不会一条道走到黑。

做自己，努力而有智慧

> 努力才有收获，智慧就是财富，拼搏才是绝对优势。
>
> ——思言思语

把自己放在什么位置，不得不说，真是一种智慧。

在我们周边，总有人能够情感事业双丰收，其实，他们往往并非天生幸运，而是摆对了位置。生活中，和爱人携手共度，开心生活。感情上，不暧昧不自伤，守护真情。职场上，努力工作，脚踏实地，不断提升，天天向上。

生活，轻松舒适，不攀比，但注重品质。

有一个同事，整天忧虑痛苦：别人家的孩子都上贵族幼儿园，自己家的孩子怎么能差了呢？别人家的老公年薪百万，自己家的老公怎么才 20 万呢？别人怎么身材好皮肤好，自己没怎么吃都胖，怎么保养都有皱纹呢？其实，这样的忧虑没有一点价值。孩子的教育，不是幼儿园就能够完成的，家庭教育、父母情绪对孩子都会有很大的影响。年薪百万的别人家老公有可能被借调赴外，常年不在家。别人身材好皮肤好，不是吃不胖不会老，而是饮食健康，注重锻炼和保养的结果。所以，生活中，过好自己，更为重要。

感情，贵在珍惜，珍重，珍爱。不暧昧，便不会庸人自扰。

恋爱的年纪，就好好谈一场风花雪月的恋爱。结婚后，就认真守护一段至真至纯的爱情。爱了，就好好珍惜。不爱了，就痛快放手。切莫贪恋暧昧中的朦胧美，不是添加剂太多，就是保质期太短。执迷不悟的人，难免庸人自扰，难免自伤痛苦。所以，一份感情，贵在纯，贵在真。若是抱着“戏外人生戏外听”的心态，便只会落的“镜花水月空自叹”的结局。

傅明修辞去公职下海后，赶上了改革发展的大好局势，成了当地有名的商人。生的一副好皮囊，自然少不了优秀女性的爱慕。他却守得住本心，对自己的妻子一心一意，无论去哪里，都有妻子相伴，他有一句名言，成为朋友间广为流传的佳话：钻石有价，妻子无价。有一句老话说，家和万事兴。说的不正是心心相印的真情吗？

职场，天道酬勤，一分耕耘一分收获。努力付出，永远不会错。

有的人说，工作不要做太快。很多职场新人不明白，我也不明白。我并不主张把所有时间都用于工作，但是我欣赏在工作中脚踏实地、兢兢业业的人，他们表面上看默默耕耘，实际上犁的是自己的地。职场，是在工作中学习，在实践中成长。每个人都会按照自己对自己的规划路线成长。

在这个女性力量崛起的时代，我们更加清楚地看到，努力就有收获，智慧就是财富，拼搏才是绝对优势。没有人能够通过幻想就一步登天，更少有人通过买张彩票就一劳永逸，也没有绝对的金饭碗、铁饭碗，即便含着金钥匙出生，也不是骄傲的资本。因为优秀代代传，不是因为财富，而是因为努力！

把自己放在正确的位置，努力去实现理想！

好习惯比刻意坚持更有力量

> 成功者的坚持从来都是快乐且有价值的，适合自己的、灵活的、恒久的，并非只是为了坚持而坚持！
>
> ——思言思语

经历过关斩将，新来的3位讲师助理，都是90后的小美女，风华正茂，朝气蓬勃，前途无量。A是名校硕士，底蕴丰厚，有思想，又上进。B是传媒大学的高材生，多才多艺，活泼开朗。C是艺术学院毕业，邻家小妹，清新脱俗。

按照惯例，前3个月是实习考察期。实习期结束时，3位都成功通过培训考核，成为正式员工，A和B被纳入第一梯队培养计划。A和B自然获得更多的机会，陪同我前往各地演讲。C依然很努力地工作，每天都精神饱满。

2年后，A和B成为优秀的讲师，C成为我的助理。C虽然没有成为讲师，我却看到了她不一样的潜质：细心、忍耐、沉静，给人以轻松之感。无论大事小事，她都能处理得恰到好处，让人省心又放心，而且这个女孩子，变得越来越美，散发着一种自信的光芒。

去年年会后，C发私信给我说："思敏老师，终于等到您。我每一天努力把工作做到最好，就是希望有一天，也能像A和B一样优秀，让您注意到我。没想到这一天，提早到了。"

我回信给C："你能坚持，就不逊于才华。因为，真正的成功，从不取决于任何人，而取决于我们内心，给自己一个确认！能坚持的人，必然是高情商的。因为情商高的本质，是有好的控制力，这种控制力，本身就是坚持。"

"最高的情商，就是满怀感恩去工作。万一薪水不理想，就要懂得在工作中磨炼自己的技艺。"这是一位父亲给儿子的告诫。我们要为这位睿智的父亲点赞。心怀美好，用磨炼技艺来实现理想，这样的人不会轻言放弃，最懂坚持。

不任性，不气馁，不抱怨，而是心向阳光，不断提升自己，把宝贵的时光和精力都花在有价值的事物上，自己便会越来越美好。

能够做到这一点的人，往往在职场中会得到更好的发展，在机遇到来时稳稳抓住。其实，换言之，这个机遇，正是自己高情商的坚持修来的。

感恩是一种处世哲学，更是生活的智慧。真正感恩的人，从不慌张，从不彷徨，正如这位父亲所说，不理想的时候，就要懂得磨炼自己的技艺。

美人在皮更在骨，能坚持的人，尤其是女人，必然是一辈子的美人。美，也是一种能力。就算不是天生的美人胚子，能坚持修炼雕琢自己，总是能越来越美。况且，五官之美早已没有定论。如果脸蛋不够美，就努力保养好自己的皮肤，多花一点点时间做好清洁、保湿、防晒，学会化美美的妆容，既能悦己，又是对他人的礼貌和尊重。如果身材不够美，就坚持健身，合理饮食，控制体重，修炼优美的腿部线条，迷人的马甲线，练习体态，端庄仪态，提升自信，举手投足间气质就有了。如果谈吐不够美，就多花点时间阅读和学习，补足我们不曾走过的路和未曾经历的事。我常说，女人观世界，才有世界观。在路上，有比逛街吃饭更有价值的事情。哪怕每天只记住一句有哲理的话，一年365天再乘以若干年，你将变得多么了不得。

很多学员说："思敏老师，我最长能坚持3个月。然后就又放弃了。要让我每天都做，那太难了。"

其实，坚持从来都不是一件难事，让这件事变难的，是我们好高骛远的目标。

21天养成一个习惯，3个月加强，6个月巩固。而真正称得上习惯的，是我们每天、每时每刻都记得住的，如喝水吃饭一般自然的。所以，节食减肥和拼命锻炼这种方式往往短期有成效，却最容易反弹。因为，这种方式太过激烈，让你的细胞感到畏惧，导致你做出了放弃的决定。

在一直播，我和思敏家的宝宝们分享过《轻而易举的健康》和《防弹饮食》这两本书，前者让我们通过轻松愉悦的小习惯，变得健康快乐；后者让我们通过简单的饮食调整，获得更充沛的精力和美妙的身材。如果每年都定一个减掉5斤的减肥计划，然而5年后体重一直反反复复不降反增，倒不如用5年时间，每年减掉1斤，算到每一天来，只是少吃一口。你想象着因为这一个小小的举动，你将拥有美妙的身材，事情就变得轻而易举并且快乐，而不是强忍着健身房里的高强度训练以及为反弹而苦恼。

目标清晰明确且合理，美好的、让自己快乐的坚持才是对自己最有价值的投资。

因为相信，所以美好

因为是你，所以相信。所以相信，所以美好。生活中需要善意的谎言，心怀美好，日子也会美好起来。

——思言思语

我牙齿矫正，医生说：放心，6个月就可以排齐。我信了。

6个月后：医生说，再半年就可以啦。我又信了。

1年后，医生又说：大约还要6个月，就可以很齐，可以摘牙套了……

就这样，我一直相信着，明明知道还要半年，再半年……但我就是笃定地信了。

终于3年半之后，我摘掉了牙套。

我说，谢谢你骗了我3年半，你的善意的谎言让我收获了成果。

爱情也是一样，人人都会说，我发誓这辈子我绝不会骗你……不要问我，他说得是真的吗？问这句话就说明你不相信是真的。想要美梦成真，真理就是："你只要敢说，我就敢相信"。谎言说着说着就成真了，不是吗？

人活在这个世界上，就必须学会撑起这个"特殊"的"谎言"，往往它成了最有力、最持久的信念。

所以，我们要认识善良的谎言，它永远是最美丽的！

因为相信你，所以你骗我，我也相信！

宇宙中的三大力量：爱的力量，大自然的力量，相信的力量。

——周思敏

期待美好，美好就一定存在。

——山泉果儿

你说，我就信。只要相信，就是对的。

——小荔枝

若是爱她，要骗就骗她一辈子。

——不二车探

有的时候需要善意的谎言，因为是不想让对方失望，出发点是好的。如果你的心胸是开阔的，善意也变成美好；反之，善意就变成了欺骗，从而失去所有。

——贝壳里的珍珠

心思简单一点未尝不是快乐，不想那么多，傻傻的开心反而会有最大的收获。有些人觉得自己精明，其实是自找苦吃。

——玻璃心

做人有时候也不能太傻，“傻”是一把“双刃剑”。有的人利用你的傻、你的天真而欺骗你。所以这个特殊的谎言需要我们每个人去判定是否愿意相信。

——齐皓轩傻乎乎

因为相信所以相信！一个字一个字认真看完，谢谢思敏老师！

——扣人心弦的游戏

如果有一个人能骗你一辈子，那么那就不是骗了。

——良缘 LOVE

虽然我近视，但从不戴眼镜，朦胧之下看谁都只有美好。

——周思敏

简单的人一般运气都很好。

——莫名

善意的谎言可以说一次两次，但多了就不会再相信了，不要用别人的善意来掩盖你的谎言。

——鑫有所思的王子

其实我还是非常能接受善意的谎言的，因为我知道那是对我的一种保护，可能知道后第一时间会有接受不了的想法，但也要明白为什么会这样，选择宽容接受和理解，这样对谁都好。

——康妮 Spring

姑姑的红绳，爱美的灵魂

有人问我：怎样才能成为一个魅力女性？我会告诉她：先从管理好你的形象开始吧。记得在我懵懂的岁月里，陪伴我的一直是姑姑，她会带着我跳舞唱歌，还会帮我做各种漂亮的衣服，夏天的时候她会用指甲草（一种植物）帮我涂淡粉色指甲。

每每玩“过家家”时，小男生都要和我一起，要我做他家的“老婆”，都会把自己最好吃最好玩的给我。玩躲猫猫时，总有小男生带着我躲，帮我做掩护。后来长大，姑姑对我说，女孩子吃饭要细嚼慢咽，走路要小步踩稳，讲话要微笑柔美。同时递给我一条红绳，说：“从今天开始把它系在腰上。”之后我回到了父母身边开始读高中，那一年我 15 岁。后来每每吃饭过量，那条腰间红绳就会勒我一下。

转眼几十年过去了，如今姑姑 80 岁了，她依然优雅大方，笑声悦耳，不但跳广场舞，还参加各种社区比赛，她依旧是我童年里记忆的样子。

昨天我们见面了，姑姑对我说："思敏你发现了没？从小我就要你管理身材、美貌，现在你懂了吧。不管是我们这些平常人，还是那些明星、名人、成功人士，但凡想控制自己身材便能控制住的人，多半做什么事情都能成功。"

努力维持好形象的背后，都藏着一个人的自律、忍耐、坚持、克制以及高要求，而这些品质不管用来做什么事情，都足以令人如虎添翼。千万不要小瞧一个美貌的女人。因为你永远不知道这份美之后，藏着多少令人叹为观止的严于律己，住着一个怎样克勤克劳的灵魂。不仅不要小看一个美貌的女子，而且一定要和她们做朋友，因为她能教给你的，绝不是美貌这么简单。

坚持不一定会有收获，但不坚持一定没有收获。

Chapter 4 走好职场之路

这里有职场提升技巧干货，还有别人的故事，或许也有你的故事。偶尔理性，偶尔感性，告诉你从“做完”到“做好”，从“小白”到“高手”，从“头衔”到“IP”的进阶法则，陪你一起走好职场之路。

职场魅力让你散发光彩

职场女性的魅力，是女性特质在职场中的生动体现，包括人格魅力、职业魅力、言行魅力。

人格魅力——自尊、自爱、自信、自强

在职场，优秀的女性总能散发特别的光彩，她们自强，业务能力突出；她们自信，聪明勤奋；她们自爱，温和善良；她们自尊，敬人敬己。人格魅力是职场女性魅力的核心所在，具备这些特质的女性，正是我们所欣赏的魅力职场女性。她们从来都不是走路带风或自带闪光灯的代名词，却总是虚怀若谷，彬彬有礼，使人如沐春风。是她们，让职场变得更精彩。我欣赏这样的女性，即便她们还未能显示出令人惊叹的职业力量。

职业魅力——有理想，有目标，有力量，有素养

职场无性别，女性特质在职场的发挥，让我们看到：理想、目标、力量、素养，在职业女性身上，得到完美的诠释。她们在工作中柔而不娇，她们在业绩上出类拔萃，她们刚柔兼济更有力量，她们谦和有礼尽显素养。因为职场中的无性别意识，她们敢打敢拼；因为一直都存在的女性特质，她们巾帼不让须眉。在思敏百大讲师团中，70% 的金牌讲师都是拥有职业魅力的女性讲师，她们在演讲台上的魅力，她们在公益前线的力量，她们创造的业绩价值，她们树立的业界口碑，让我们为之动容，更愿意为之起立鼓掌。这便是职业魅力，激发梦想，设定目标，挖掘力量，体现素养。如风如光，如暖阳，如春雨，润物无声，传播力量。

言行魅力——仪态得体，举止优雅，内外兼修

她们的一颦一笑，一举一动，无一不散发着令人心旷神怡的优雅气质。她们并非拥有绝世的容颜，却能通过优美的仪表仪态和着装而变得时尚优雅，展现自己独特的女性魅力。她们从不盲目跟风时尚，却始终保持对美的追求。她们知道如何打造自己价值百万的个人 IP，因为她们深刻懂得：你的礼仪价值百万。知礼懂仪，她们，不一样。

职场不做隐形人

更自信一点，更主动一点，更优秀一点。

——思言思语

为什么说一定不要做职场上的“隐形人”？

职场中没有所谓的隐形人，只有真正的平庸与不合群。成为职场隐形人不外乎两个原因：一是个人性格，二是工作表现。从个人性格角度而言，不做隐形人，可以从形象、沟通、人际三方面来改变。从工作表现角度来说，需要自信一点、主动一点、优秀一点。

不做职场隐形人，不是为了取悦谁、讨好谁或表现自我，更多是为自己营造一个良好的做事环境，创造一个融洽和谐的职场成长平台。告别隐形人的尴尬，赢得成长与发展的契机。

小薇通过“非你莫属”来到公司媒体网络部，工作能力不在话下，唯独不喜言谈，不爱化妆，最常用的沟通方式便是腼腆一笑，“吾家有女初长成”的可爱模样。若是在校园日常生活中，这样的女孩子自有其幽兰独香的一面，然而在职场，她的优点却渐渐被弱化甚至被忽视，很难在新员工中崭露头角。

公司主管发现她的情况，组织了一次形象礼仪内部培训，小薇通过学习开始重视自己的仪容仪表，化淡妆穿套装的她变得格外亮眼，经常被同事赞美的她也因此变得自信开朗，敢于主动向同事和领导请教，在一些项目策划活动中勇敢表达自己的观点。媒体网络部的总经理发现小薇非常具有创新思维，渐渐委任她负责一些线下品牌策划项目。小薇在项目推进的过程中，业务能力得到了进一步提升，人际交往能力也逐渐得以提升。

如今，已成为部门主管的小薇，回想初入职场的自己，庆幸那一次培训之后的改变，意识到在职场，一定不要做“隐形人”。她将自己的经验总结为5点，用于对新晋职员的培训。

第一，主动参加公司聚会并坚持早到，用心记住每一位同事的名字和称谓，主动打招呼。

第二，融入团队，多沟通，多向前辈请教，努力提升自己的职业技能和业务实践能力，在工作中更有担当。

第三，适时赞美，用真诚赢得好感，关注他人的人更容易获得关注，赞美他人的人更容易得到赞美。

第四，形象仪表更得体，从着装和妆容上告别学生思维，让自己更职业更干练，从而在心态上更自信，也更容易获得上级信赖。

第五，记住同事的生日并表达心意，一句真诚的生日祝福，一份精致的小礼物，能让对方感到被重视，同时也有利于人际关系变得更好。

不做职场“隐形人”，做最好的自己！

职场中最忌讳的事

> 世界上有三种事：一是老天的事，二是他人的事，三是自己的事。我们管不了老天的事，没必要管他人的事，所以，管好自己的事就可以。
>
> ——思言思语

职场有别于休闲生活场景，在着装、形象、谈吐等方面对我们都有特定的要求，如何做到有礼不失礼，可谓处处留心皆学问，人情练达即文章。

职场中，最忌讳的莫过于以下这三件事：

第一，无事生非。

职场最怕一种人——无事生非，恨不能天天看大剧。每每看到或听到类似闹剧，我时常想到一句话：流言止于智者。真正有智慧的人，从不参与更不传播，非礼勿视，非礼勿听，非礼勿言。

我的一位助理说：“老师，您为什么从来不问公司其他同事表现如何？”

我回答道：“如果是好的一面，我自然会知道；如果是不好的，就不要让我听到了吧！况且，如果真的有怎样，我也不会不知道。”做好自己，是极为重要的一件事。企业领导，大概也不会每天盯着某个员工看他的表现如何吧，更不会关心某个员工的细微动态。所以，捕风捉影，妄加评判，流言肆虐，大可不必。人之事，自有人事来管，其他人，真的没必要关心评论。

在职场上切记不要无事生非，当然，更不要参与任何性质的无事生非！做好你自己的事是职场第一件大事。无事生非毫无意义，反而降低自己的格局，错失进步的良机！

第二，朝秦暮楚。

从长远职业规划而言，请勿轻易跳槽，如果你要跳槽，请选择同行业同岗位，或者内部调岗。朝秦暮楚，三天打鱼，两天晒网，到处挖井，没有一口出水。如此，大概是任何人都不愿意看到的吧？

所以，步入职场，请为自己做长远规划，做目标设定，不可随波逐流，不可三心二意。不为了在他人眼中你有多好，而是为了你自己，真正为自己做打算，真正爱自己的表现。因此，职场中切忌易怒、盲从、轻率，这些低情商的表现，我们不要。

若你不能在一个岗位上有所进步，有所成长，有所突破，那么，换其他的岗位也同样如此。简而言之，你若不会游泳，换多少游泳池也一样不会游泳，你应该做的是找一个游泳教练上专业的游泳课，而非将自己不会游泳的问题归结于客观环境。

职场上的成功或许从来不是因为某个人带给她的幸运，而是因为她一直在做自我升值，在学习、充电，并且始终保持自信和好的心态。

第三，墨守成规。

我为什么不说“固步自封”呢？是因为，固步自封不过是止步不前，而墨守成规则是妄自尊大，看似谦虚，实则傲娇。

如今是复合型人才的时代。每个人，都要做好万能螺丝钉的准备。你是程序员，也要会写工作报告；你是科学家，也要会演讲；你是司机，还得是助理、保镖；你是摄影师，还要会剪辑、懂导演；你是美容师，还得懂心理；你是讲师，更要是一位杂家。

“一招鲜，吃遍天”在今天已经不适用了。奶茶店都要配鸡排小食，肯德基也出中餐系列，西餐厅中西合璧，咖啡厅变身书吧……这说明，在这个日新月异的时代，我们每个人都不可避免的被推向时代潮流之中，被迫学习，被迫创新，被迫成长。

职场上请勿墨守成规，请勿坐吃山空，为自己制订学习充电计划，这是必要的选择！

以上三点分享，或金玉良言，或苦口良药，你自行判断，自己选择。

做好自己最重要

头条里有人问我：“比如在单位，有的同事思维单纯，凡事不爱麻烦别人，自食其力，性格安静，不惹事，不折腾，不瞎闹，守规矩，懂礼貌，领导交办的工作从不拖延，出色完成，但人缘却不怎么样，到底是什么原因呢？”

我想说，这样的情况应该较为普遍，凡事尽善尽美、兢兢业业，反倒事与愿违，不被认可。其实呢，大可不必为此伤神。

试想，电视剧中的女一号，常常是怎样的呢？相貌平平却心地善良，吃苦耐劳，最后终于苦尽甘来赢得男主和观众的祝福，为什么呢？必然不是作者或导演刻意为之，而是因为，这是她自己的努力所创造的结果。其实，现实生活与职场工作中，也是一样的，努力做好自己，不求人人喜欢，但求问心无愧，更无须去与其他人比较。

期待收获好人缘，还需要在人际关系上下功夫。有一句话这样说：水至清则无鱼，人至察则无徒。所以呢，优秀必然能收获好人缘吗？超过他人一点点，容易招来嫉妒；超过他人一大截，则会被羡慕。工作优秀是本分，做好分内之事则是自我价值实现的基础。

若是不喜与人交流，与其他同事无交集，那么，职场中，你和同事之间，便只是同事关系。试想，这样是否给他人孤高自傲的错觉呢？那么，期待好人缘，不妨在工作之余，适当融入同事圈。如果没有机会或者不习惯，也不必庸人自扰。精诚所至，金石为开，你的好，总有一天会被看到。

至于“有的人总爱占点小便宜却收获好人缘”，大可不必去评判，每个人的情商和性格都不同，我们所看到的表象未必就是他人真实的样子，这样并不代表他的品质就不好，不需要用自己的价值观去评判他人。做好自己即可！请记得：门外没有别人，只有我们自己。所以，不妨打开心扉，从真善美的角度去看待他人，即便不能成为至交好友，也能和睦相处。处处留心皆学问，人情练达即文章，相信聪明如你，一定能够掌握其中的奥妙。交朋友不是让我们用眼睛去挑选那十全十美的，而是让我们用心去吸引那些志同道合的。

如何赢得领导的信任

第一，也是最重要的一点，做好领导交代给你的每一件事，用心做到完美，并且事事有回复，达到领导要求，超越领导期待。

我敬重的一位老教授向我讲过一个故事：一个师范毕业的年轻小伙，被分配到一所乡村小学，因为他的报告写得好，所以被调到县文化局，又因为他事事能做好，局里的人都说：“把事儿交给他，你就放心吧！”于是，他又被调到了市文化馆，后来，成为文化馆的馆长。这位小伙儿说从普通干部到正处级，也有人说“你给领导送点礼，对你的升迁有帮助”。但是，他从没有给任何领导送过一份礼，他只做一件事，就是把领导交办的每一件事做到尽善尽美，由此在单位赢得了好口碑，得到了上级和领导的信任。这个故事的主人公，便是这位老教授。

今天分享这个故事，其目的就是告诉职场的年轻人，做好你自己，做好你的本职工作，你的工作表现与用心程度，就是得到领导信任的关键所在。

第二，诚信，忠诚，保密，尽心。明确你的立场，作为企业的一员，领导的助手，诚实守信，对领导忠诚，且能尽心守责，领导自然愿意委以重任。信任是对一个人最好的肯定，高于褒奖和赞美。所以，赢得信任的关键在于你的人格魅力，有时候甚至比能力更重要。因为，好的态度，本身就是一种能力。而你发自内心为企业考虑，总是站在企业和领导立场，与企业同心同德，就从普通雇佣关系上升到了合作关系。所以，赢得信任，在于你的选择。

最后，我想分享的一个观点：人生没有彩排，请不要错过每一天的现场直播。热爱你的选择，凡事兢兢业业，尽心尽力，做最好的自己，并且能够不忘初心，矢志不渝，即便不会有立竿见影的进步，也终将会取得不错的成绩。

学会管理自己的情绪

> 无论什么时候，别做怨妇，要做女王，努力工作，认真生活，健身读书，休闲旅行，花时间修炼不完美的自己，而不要浪费时间期待完美的别人。即便众口铄金，积毁销骨，时间在你身上刻画的努力痕迹，比任何人的言语更能说明一切。
>
> ——思言思语

闺蜜珊姐（500 强企业 HR）说："职场最怕一类人——无事生非者。"对此，我深有同感！

每天，我的微博、分答、头条都会收到两类问答，一类是婚姻爱情里的"盘根错节"，另一类便是职场人际中的"风云际会"。其中，被"流言蜚语"中伤的求助类不胜枚举，故事太多，你我都有，今天，思敏和你一起"为心灵疗伤"。

有一段话，我想和你再读一遍：

“你永远不知道在别人嘴中的你会有多少版本，也不会知道别人为了维护自己而说过什么去诋毁你，更无法阻止那些不切实际的闲话。哭的时候没人哄，我学会了坚强；怕的时候没人陪，我学会了勇敢；烦的时候没人问，我学会了承受；累的时候没人可以依靠，我学会了自立。就这样，我找到了自己——原来，我很优秀！”

被流言蜚语中伤的时候，不妨听一听音乐，读一读这些话，心情会好很多。微笑着走好自己的路，哪有时间可以浪费去管他人怎么说。

有这样一则有趣的对谈：

寒山问曰：“世间有人谤我、欺我、辱我、笑我、轻我、贱我、恶我、骗我，该如何处之乎？”

拾得答曰：“只需忍他、让他、由他、避他、耐他、敬他、不要理他，再待几年，你且看他。”

现实生活中，我们不光要管理好自己的时间，更需要管理好自己的情绪。

第一，我管不住别人的嘴，也不会管；第二，常与同好争高下，不与傻瓜论短长，不理他就好了！要像余光中先生那样想：天天骂我，说明他生活不能没有我；而我不搭理，证明我的生活可以没有他。

我只爱爱我的人，我只在乎在乎我的人，我又不是人民币，不需要人人都喜欢，至于不重要的路人甲乙丙丁，任他到处刷“存在感”吧，没有必要争一时之快，不妨过几年再来看看。

所以，被嘲讽、被中伤别委屈，过几年再看，你会感谢生命中遇见的所有人、所有事。就好像，再大的风都不能让一个人脱掉风衣，温暖的阳光却可以做到。

做好每一次工作汇报

职场，请做有“心”人——多用心一分，多尽心一分，多真心一分，一切便是光风霁月，一切便会越来越好。

——思言思语

小刚问：“小事汇报觉得没必要打电话打扰领导，就发微信或短信汇报，但领导从不回复，是什么原因？这样汇报妥不妥当？领导会怎么想？”

首先，微信（短信）汇报本身并无不妥。

在当前这个微信时代，微信也成为一种常见的办公沟通方式。不过，汇报与请示不同，领导从不回复，要分情况看待。汇报工作是作为下属的一项职责，工作进度、完成情况需要知会领导。不少领导也会把员工汇报工作作为一项考核。《哈佛学不到》的作者马克·H. 麦克科迈就曾说过：“谁经常向我汇报工作，谁就在努力工作，相反，谁不经常汇报工作，谁就没有努力工作。”所以，汇报工作这件事，你做得对。领导从不回复，有可能是没有看到，这样的概率极其微小，如果你认为领导可能真的没有看到，那么，不妨在面谈或电话中提醒领导，这样，领导便会知道你有汇报。领导不回复，也可能是百忙之中看了一眼，却没有来得及回复。如果是重要的事情，需要得到领导批示或同意的事情，我建议你在未收到回复15分钟后电话领导，确保领导知晓并得到明确指示。

其次，事有轻重缓急之分，工作汇报是一门学问。

领导委任你处理一件事，无论大小，都希望得到明确的处理进度和结果，所以，如果事情已完成，请确保领导已收到你的反馈。我的一位同事一次陪我出差，她看到我的微信列表有几千条未读，而我每次阅览微信的时间只有几分钟，她感慨道：“思敏老师，我终于明白为什么给您发了微信后总是石沉大海一般，每次能够得到您回复，简直像中了彩票一样开心。”好在，在思敏文化，大家都了解自己的领导是飞行一族，凡事汇报收不到回复15～30分钟，必然会用电话铃声唤醒我。所以，请你记住，给领导打电话并非没有必要，而在工作时间或工作范畴，领导并不会因为你打电话确认而觉得不妥。

企业中，凡事以结果为导向，汇报的方式并不一定要拘泥于某种形式，微信、短信、邮件、电话、面谈……都是常用的沟通方式。

最后，请做职场有“心”人。

一是用心，凡事尽心做到满分，这是敬业态度和职责本分；

二是尽心，凡事尽可能为领导分忧，以领导最方便的沟通方式为宜；

三是真心，真心真意，真情以待，不以主观臆测领导。

凡事，多用心一分，多尽心一分，多真心一分，一切便是光风霁月，一切都会越来越好。要知道，领导不是机器，更不是神仙，和我们一样，是有血有肉的人，你若以心交心，他必然视你为兄弟；你若以企业为家，他必视你为家人。在企业中，不必总想着如何被领导管理，而应想着如何赢得领导的信任，那便是从每一次最小的工作汇报开始，尽心尽力，尽善尽美。

行走职场，比才华更重要的还有什么

江郎都会才尽，才华需要持续充电。才华固然重要，然而，更重要的是以德为本，不断充实自我，脚踏实地。

处处留心，不断学习

职场请保持空杯心态，需要时时充电，让自己的才华时刻在线。永远相信三人行必有我师，看到领导同事的优点和才华，见贤思齐，反省自己，不断改进，让自己每天都能够进步一点点。在工作中学习，这一点非常重要。

一个不学习的人，在职场是没有未来的。即便小有才华，也很难在职场的江湖里畅通无阻。

知行合一，团队协作

即便再有才华，只有切实落地，产生绩效，才算是才华，否则，“之乎者也”，没有人比得过《论语》和《汉语词典》。所以，纸上谈兵是学生时代，让才华落地，产生价值，最为重要。团队协作也很重要，在职场，请记得你不是孤军奋战，这时候，既不要太快也不要太慢，请和团队步调一致，沟通方案和进度，相信集思广益能让你的点子更加熠熠生辉。

德才兼备，胸怀广阔

一个人能够走多远，终归还在于德。德高望重，才能身居要位，否则，只会是一时得意。更要胸怀广阔，看得长远，不争一时一快，不争一时之功，不争一时之利。

“牢骚太盛防肠断，风物长宜放眼量。”懂得看长远的人，才能赢得漂亮；懂得包容谅解的人，才能身心健康迎接更好的未来。我们努力在今天，却是在筑造明天的梦想家园，请坚持你所爱的，不忘初心，永远让自己心怀美好，热爱你所在的团队，忠诚于你的领导，善心对待你的朋友，胸怀更广阔，这会比才华更让你有成就感，不是吗？

让职场友谊成为优势而非负担

找到“温暖又不至于被扎”的距离，享受纯净、和谐、美好、幸福、有界限的、友好的职场友谊，一个真诚的心最珍贵。

——思言思语

职场友谊，顾名思义，产生于工作中，区别于日常友谊，职场友谊倾向于职场化。正如刺猬的故事中包含的寓意，职场友谊应当保持适当的距离与合适的心理空间，避免“如胶似漆、相濡以沫”式的刺痛与窒息，更要避免实际利益与价值观的冲突。一份难能可贵、令人羡慕的职场友谊，其背后往往是两个极具风格与魅力的职场人，他们懂得界限的把握，懂得合作的意义，懂得尊重彼此的选择，因为懂得与珍惜，成就了友谊地久天长的佳话。

因此，职场友谊当然是优势。我们的潜意识在不知不觉中发展着各种关系，因此，大可不必去抗拒职场友谊的发展。即便不必与同事发展为亲密的朋友关系，至少要与自己每天相处极长时间的工作伙伴保持和睦的同事关系。而无论你认为对方是朋友或只是同事，切记，尽量不要分享过多私人生活，如果有人讲给你听，请保守秘密。即便不为友，也不要化敌，更不要将友谊的证据变为友谊杀手。从长远来看，博弈的两端没有赢家。因此，大可不必因为职场中一时的利益冲突，牺牲难得的友谊。

再有，请保持合理成熟的心理预期。曾经听到一个非常好笑的职场心理故事：小王领到了一万元年终奖，知道朋友小张只领到五千元的时候，他非常高兴，但当他得知朋友小李领到了两万元的时候，极不高兴，认为小李不该比他多领一万元。所以，职场友谊，切忌自造冲突，人通常习惯与自己的身边人做比较，尤其是职场中的朋友。此时，小王的正确做法，显然是保守奖金的秘密，更不去打探他人拿到多少年终奖。毕竟，楼外有楼，人外有人，羡慕与祝贺的同时，可以反思，如何在来年更加努力耕耘，收获更多，这才是优等生的表现。

职场中必须学会的礼仪

职场礼仪是一个人的思想道德水平、个人修养的外在表现，礼仪不单单是礼貌，更是职场人为人处世的基本规则。

1. 称呼礼仪：首先，请记住对方的名字。其次，初入职场的大学生，要告别学生思维，不要再将自己看作“小孩子”，所以，尽可能避免在职场中称呼他人“阿姨”或者不分场合叫“姐”（官称除外）。切记场合之分。

第一，在工作中（商务场景与社交场景）：

一般而言，以职务相称，是较为稳妥的。如果暂不清楚职务，请以老师相称，这样也不会出错。如果的确不知道怎样称呼，请微笑询问：“您好，我是XXX，请问怎么称呼您？”有礼有节的沟通，比贸然称呼“阿姨”或者“姐”更为妥当。

有职位特殊的长者，即便年纪和父母一般大，也不可以轻率地称呼她“阿姨”。不少行业中有年长的同事，比较喜欢“某姐”“某哥”的称谓作为官称，可以按照对方喜好称呼。

再有，凡事请说“您”“请您”“您请讲”“请您用茶”“请问您”“您好”……做有“心”人，初入职场不尴尬。

从学生思维到职场思维的转换，需要我们掌握不同场合的礼仪礼节。职场礼仪中称呼会面礼仪是第一位的。

第二，在休闲生活场景中：

下班后，同事之间聚会，可以轻松一点，以“姐”“哥”称呼，视关系而定。除非亲属关系，“阿姨”的称呼在同事之间慎用。

女士心理年龄都很小，无论爱不爱打扮，都爱漂亮。所以，如果是和父母年纪一般大，叫一声“姐”，是聪明的选择。

休闲生活场景中，称呼也一样是表达尊敬。所以，礼貌礼节对于年轻人而言，依然很重要。“尊重他人”需要年轻人处处留心。

2. 举止礼仪：不同于休闲场景，职场中，一个人的举止、动作，坐立行走，无不体现其修养。

3. 着装礼仪：优雅、简洁、大方的着装风格更适合职场。正装、套装、休闲正装都比较适合于职场。休闲运动装则尽量避免。同时，服装的整洁与清洁度需要格外重视。

4. 表情礼仪：职场人际交往中，表情传达的感情信息远比语言来得巧妙的多。艾伯特·梅拉比安（美国传播学家）曾提出过这样一个公式：感情的表达 =7% 的语言 +38% 的声音 +55% 的表情。可见，表情在人际沟通中的重要性。大体上，人的眼神、笑容、面容是表达感情最主要的三个方面。

5. 小尴尬的化解：整理妆容、打哈欠等不雅小动作请移步卫生间。

6. 会面礼仪：优雅得体的接收递送名片，请记得用双手。名片接到手后，请认真阅读，然后十分珍惜地放进口袋或皮包内。

7. 拜访礼仪：请记得预约并守时。

8. 会谈礼仪：即便意见不一，也不要争论不休。

9. 办公室基本礼仪：最为重要的一点就是对他人包括你的同事、上级、下级表现出你对他们的尊重，要尊重他人的隐私和习惯。分清哪里是公共区域，哪里是个人空间。

10. 乐于从老同事那里听取经验，有机会不妨聆听他们的见解。

11. 不要在公司范围内谈论私生活，无论是办公室、洗手间还是走廊。

12. 工作问题要公正，有独立的见解，不拉帮结派。

13. 邀请礼仪：发出邀请，要力求合乎礼貌，取得被邀请者的良好回应，而且还必须使之符合双方各自的身份，以及双方之间关系的现状。

掌握这些礼仪知识并不难，却能帮助你在职场如鱼得水般愉悦舒畅。

Chapter 5

活出你喜欢的样子

世界是你自己的，活出你喜欢的样子。每个人面对自己的人生都有不少困惑，源于爱情、亲情、生活、职场、人际、梦想等方方面面。戒掉贪痴嗔，学会断舍离。成长，是努力的结果，更是选择的智慧。愿你出走半生，归来仍是少年。不忘初心，做一回真正的自己。从此刻开始，丢下那些人生包袱，轻装出行，活出自己喜欢的样子。

成长路上，留给自己5分钟

> 成长路上，难免迷茫，难免彷徨，无论何时，请留给自己5分钟，快乐、信任、从容、思考，愿你生命中所有的要事，都没有最初的梦想失陪。
>
> ——思言思语

在“思敏家”，我发现一个很神奇的现象：几百万粉丝中，很多“宝宝”都关注了同一位主播？！当今时代可谓直播界的春天，乱花渐欲迷人眼，高颜值、好声音的主播数不胜数，天外有天，人外有人。真心感谢“思敏家宝宝们”的厚爱与守候，我们的直播每登热榜，也欣慰于通过一封封真挚感人的信件，看见每一位“思敏家宝宝”的收获与成长。关于成长，不只努力，还有选择，更需初心、梦想和快乐。这些，愿你们，始终都有。

每一个25分钟，请留给快乐5分钟

“当文字停止，便有音乐响起。”

我喜欢轻松闲适的工作环境，伴随好听的背景音乐，大脑更有创造力。或者，每25分钟，停下手中的工作，花5分钟，静静听一曲好歌。“宝宝们”喜欢思敏家，能够收获知识是一个方面，思敏家有好听的、独一无二的音乐——“鑫照不轩”组合，也是我们同频共振的一个重要方面。

寓学于乐，这是我向来主张的学习法，也是我课程中主张的教学法。

如果你感到前行的道路无比艰辛，不妨把行程划分为每一个25分钟，然后留给快乐5分钟。相信我，快乐能让努力更有动力。

每一次怀疑，留给信任5分钟

“对于一名销售人员，最重要的是什么？”

从事时尚礼仪教育工作多年，为上百家上市公司定制内训，这个问经常会被问到。答案是“信任”。相比自信，信任是对彼此，对此时，对此事。信任最难得。

心中没有浮现失败的字眼，不为失败找借口。信任自己，信任客户，信任这次合作的开始。

每一次冲动，留给从容 5 分钟

温和从容，平和悦纳。这 8 个字，是我们最羡慕的优雅状态，拥有这个状态的人，是我们所欣赏的优雅之人。

一个人的平和，就是整个世界的和平。冲动，是人之本能。从容，却体现修养。有一句话说：“不要在冲动时做任何决定！”因为冲动时，我们的智商近乎 0。

情绪激动时，遇事冲动时，想想这 8 个字，写写这 8 个字，留给从容 5 分钟，你会越来越接近优雅的状态，成为优雅之人。

每一段路程，留给思考 5 分钟

每次直播 2 小时，绝对不是开播聊天那么简单。

和大家道晚安之后，我至少会花 5 分钟时间来回顾总结今天的直播。而无论行程排得多满，我都会在每一个 5 分钟的休闲时间里，记下将用于直播的要点和给你们的惊喜。

不动笔墨不读书，如果有好的想法灵光乍现，记录下来是最好的做法。

如果希望下一次做得更好，同样要自查自省，哪怕只有 5 分钟，哪怕只是反省一点，第二次就会比第一次更好。

每一次启程，留给方向 5 分钟

“如果你知道要去哪里，全世界都会为你让路。”

方向是人生的支点，让你拥有撬动地球的力量。一个人若是知道自己为什么而活，就可以忍受任何一种生活。

我在 UC 订阅号里分享过一个故事，男主人公是我们所熟知的苏秦，“头悬梁，锥刺股”的那位苏秦，5 分钟，2 句话，一段唯美的邂逅，女主人公成为他毕生的方向，合纵连横，六国封相，名传千古！还有我们所熟悉的《西游记》，哪怕九九八十一难，唐僧和三徒弟都不曾忘记西天拜佛求经的方向。

纵观我们的生活，我们的过往，凡是方向清晰，目的地明确，且势必达成的，无一没有实现。而那些最初心中就模棱两可、守株待兔的，多数不能实现，即使实现，也实属侥幸。

所以，每一次启程前，请留给方向 5 分钟，在心中清晰、明确地确认后再出发！

人际相处
要记住3点铁律

> 日子久了，自然见人心，逢场作戏还是真心？显而易见。
>
> ——思言思语

三十而立，到了30岁，就该真的长大了。我在《给30岁思敏的一封信》中就曾讲过“好好做做人际交往”。

即使再怎么不善于处理人际关系，也要做好以下这3点，在追求更好人生的道路上，这3点不可或缺。

自立与自强

到了30岁，要独立而且不断强大自己。可以没有车没有房，但要给自己做规划，订计划。平衡和父母的关系、和爱人的关系、和朋友的关系。首先要自立，然后通过学习，不断强大自己。学习是强大自己永恒不变的途径。

给我做美甲的小姑娘，28 岁就自己当了老板，今年又开了一家新店，经营项目也逐步扩展到了美睫、眉毛、SPA、彩妆，小店经营得温馨且有序。小姑娘相貌平平，并不善言谈，但每每开口却总温暖人心，平实的话语里给人一种信赖感。

每周 7 天，她总会留出 1 天时间，雷打不动地带着店里的骨干，去学习进修。

父母不愿意来北京，她就在老家县城给老两口买了房子。有一个研究生学历的男朋友，对她宠爱有加。记得每个店员的生日，即使再忙，她都会订好蛋糕温馨庆祝。即使最挑剔的客户，她都能平和应对。

她说："思敏老师，其实我最不善于人际交往，最初做这行，就是想着不用多说话。一步一步走到今天，就是一颗平常心。记得 5 年前第一次见到您，您的优雅谦和深深打动了我。后来，我在电脑里下载了您所有的视频课程，每天 10 点下班，都会认真学习 1 ～ 2 小时。您说过，没有处理不了的事情。您还说，女人强大自己才是永恒不变的真理。您的这些话，以及您的人格魅力，一直影响着我。"

如今，她已是我百大讲师团的一员，不光给自己的员工做培训，还被邀请到各地做讲座。如今，那个腼腆地问我能不能成为百大讲师团弟子的小姑娘，每当有人夸赞时，还是会以笑应对，可是，气质与形象俱佳的她，就是一张自立与自强的名片。她的座右铭是：女人，永远不要放弃变美；女人，永远不要放弃学习。

现在，她每一次讲座、演讲都会用这两句话，和大家分享，共勉。

自尊和尊重

小C给我发微信说："思敏老师，最近又被人际关系所扰，没有心情做其他的事情了。"

小C是一家外企的高管，肤白貌美，才华横溢，性格极好，好到不管谁说什么，她都"是是是""对对对"，可尽管如此，小C还是经常受伤，也许是因为同事的一个眼神，又或是一句冷言冷语。

小C说，这次是因为她升职，周围有人说她闲话，她觉得很委屈，自己是靠能力，为什么会有风言风语。

我不置可否，却只能一笑，又不想给她无力的安慰。所以，发给她一句话：

羡慕和嫉妒的区别是什么？

超过别人一点点，就会被嫉妒；超过别人一大截，自然被羡慕。何必把心思用在琢磨他人如何待你、你又该如何讨好他人的事情上呢？就像不会有一种口味被所有人都喜欢，也不会有一个人能让所有人都满意。

把所有的精力和时间，都用在做好自己的事情上就好了。自尊与尊重，不是无限额的，而是相互的。过于在乎他人的想法，就不能做到自尊，更何谈人际关系好呢？

自爱且爱人

懂得分寸，分清语境，收放自如，不失语，自然能少了不必要的尴尬。

最近朋友圈的一句话让我颇有感触：我们还没熟到开玩笑的程度。是啊，如果不熟，玩笑容易开成冷笑话，最冷的自然是自己。

好的人际关系，绝非处处喧宾夺主，而是认清自身的角色，爱惜自己的身份，同时，保持一颗善意的心，不轻易开玩笑，被玩笑时也能淡然视之，一笑而过。

不到处刷存在感的人，自然是懂得自爱的；懂得欣赏、赞美、真正关爱他人的人，自然能走进人心，也能渐渐在他人心中有了分量。守得本心，方得真心。人际关系交往，若有缘相遇，且行且珍惜。尚礼而行，以人为尊。自立与自强、自尊和尊重、自爱且爱人，做到这些，道不远已。

不耍聪明，只走心

> 真正聪明的人，都下笨功夫。
>
> ——思言思语

木人是我“在行”的首单，为了和我见面，他做了3个小时的功课，一张清晰的图表，竖式分布着逻辑演变的6个问题。

我问：什么是木人？

他说：木人是燃烧自己照亮别人的人，木人是变成灰尘可当肥料的人，木人是自强不息的人，木人是真心尊重别人的人。他说，自己是木人的代表。交谈中得知，他是牟奎明，有才有智慧，不仅是财务数控专家，还是职业技能教育者。一天一直播结束以后，收到他的“在行”留言：

非常荣幸是思敏老师的第一单，与思敏老师进行了一次非常享受的对话。与思敏老师见面后，从谈论在行平台轻松开始，很快合成一个快乐的能量场，通过老师的言行举止感知优雅之美。我准备的3小时功课内容与思敏老师的观点非常相似。思敏老师认为事业要利他才行，礼仪的本质是内外一致，是发自内心的尊重。大爱存，甜美生。

遇见木人，真的很荣幸，我的“在行”首单便受到如此“礼遇”。为了会面，木人牟奎明先生用心程度极高，以“礼仪”开宗明义，从“体”“用”展开，引申为六大经世致用的提问，这份用心，是我们愉快会面的基础。

一直以来，我都坚信：没有险胜，只有完胜。每一次的节目录制，甚至每一位的微讲堂，乃至一直播，我都会甘之若饴地准备台本、讲义，临场应变是一方面，精心准备是另一方面，缺少任何一面都不能够得到良好的呈现。木人先生显然下了功夫。而当我得知，牟奎明老师本身就是一位在行行家，就更加坚信这一点。优秀从来都不是与生俱来，与其求仙问道寻找成功的方法，不如默默努力，擦亮每一个平凡的日子。

牟老师曾说过一段话，我特别感动，摘取其中片段，我们一同品味：

"是什么力量，让木人与周思敏老师组成一个能量场，享受甘醇的话语，感知淳朴的内心，却忘了时间的穿梭。这股力量，是知行合一利他的正气，是对世界的淳朴认知，是对美丽的不懈追求，是对礼仪的心照不宣。木人理解礼仪是发自内心的尊重，周老师的礼道中有尊道；木人理解家是珍惜生命中遇到的人，周老师的礼道中有家道；木人百年家训是坦正仁恕，周老师的礼道中有仁道。感恩周老师，木（本）人向您求一片树叶，感知礼仪的真谛，实现生命的价值，您却给了我整个春天，吸收阳光的力量，沐浴纯正的职场。"

再次感谢这份能量的连接与传递。大家都说要和三观正的人在一起。是啊，喜欢和你做朋友，是因为你有正能量。思敏家纯若说："能够照亮别人的，不是太阳就是金子。"在这里，我要感谢"思敏家"的所有"宝宝们"，每次一直播的 2 小时，我都无比温暖、开心。因为有你们，"思敏家"成为一个能量场，我们在这里，获得太阳能量，只要太阳会升起，我们就永远电量满格。

遇见木人，大概也是能量场的吸引吧。我喜欢创业的人，欣赏木人牟老师一样充满能量的创客，这样的创客智慧与努力，值得我们认真学习，他与时俱进的世界观，阳光春风般利他纯正的人生观与价值观，孜孜以求求知不倦的方法论，可以成为年轻人很好的榜样。

老一辈人总希望年轻人少走弯路，对孩子谆谆教诲，劝孩子“不听老人言，吃亏在眼前”。孩子，当你走了足够多的弯路时，你会懂得，老人言，真的要听。而更重要的是，不论你现在是志于学，还是三十而立，或者四十而不惑，又或者五十而知天命，都没关系，人生七十才开始，你从这一刻开始，认真对待生命、对待光阴、对待当下的每一刻、每一小时，改变一点点，就会不一样。在一直播“思敏家”里，“宝宝们”最喜欢听思敏姐姐讲故事，因为我们能够在别人的故事里寻找自己。我喜欢在课程、直播中与大家分享故事，因为我相信轻柔的力量，故事能够让我们深思，给我们启迪，所谓走心，大概就是如此。

也许是一首歌，一段尘封的往事，一张老照片，一份别致的礼物，一句轻轻地关怀，触动了心底潜藏的温柔，这，就是走心。

一念之间的选择与蝶变

> 没有永远的美人，只有一辈子的蝶变芳华！
>
> ——思言思语

蝶变，从心开始。心中有一个我愿意的声音，要改变，要破茧成蝶。听到一句话，遇见一个人，信而礼之，从此坚定信念，我愿意……

下面这 8 个字，是方向，是方法，是目的地。

心—— 心灵自观，美丽心灵

心像降落伞，打开才有用。倾听心音，用心灵去赢得心灵。

打开心扉，紧随爱与幸福的脚步，一路且歌且行。蝶变，只在一念之间！

每个人的生命里都有一只碗，盛着善良、信任、宽容、真诚，也盛着虚伪、狭隘、猜忌、自私……一颗心与另一颗心的碰撞，需要付出真诚才能发出清脆悦耳的声响。请剔除碗里的杂质，然后微笑着迎接另一只碗的碰撞，并发出你们清脆、爽朗的笑声！

蝶变，就是遇见最好的自己！

礼——律己敬人，事福致福

礼之用，和为贵。知礼懂仪，圆融通达，感恩遇见，感恩相知。

容、表、态——美姿美仪，焕然一新

如蝶，流转年华舞翩跹。翩若惊鸿，婉若游龙；轻盈飘逸，仪态万方；静如处子，动若脱兔。优雅如兰，从容如风，温柔如上帝写给人间的情书。

微微一笑里，做了一辈子的美人。

束、餐、式——生活需要仪式感

仪式感，是女人的活力，是男人的魅力。

仪式感用一种可感可触的方式，给我们一次机会，让平淡无奇的生活，因为一点不一样的期待而心旷神怡。

一身礼服配最爱的音乐会，一束鲜花明媚一周的清晨，一双跑鞋为健身隆重启幕，一杯热酒冲淡天涯离愁。

即便妆会花、花会谢、鞋会旧、酒会醉，我们的情绪都经由仪式感得到了放逐和升华。

心灵之礼，生活之仪！谦谦君子，卑以自牧。少女时期的美丽是天赐的美好，而美人不迟暮，是岁月回馈优雅女人最好的礼物！礼仪不是华服而是风骨，腹有诗书气自华，将时尚礼仪镌刻入风骨！

尊重彼此的时间

> 懂得尊重时间，时间也会尊重你。
>
> ——思言思语

对自己：时间更自律，人生更自由

如果你不狠下心来砍掉那些“看似重要”的事，那你将永远都没有机会好好对待那些“真正重要”的事。

一周 168 小时，40 小时在工作，56 小时在睡觉，剩下 72 小时，难道抽不出 3 小时来锻炼？抽不出 5 小时来读书？抽不出 2 小时给父母亲打个电话？抽不出 1 小时敷个面膜做个保养？抽不出半个小时和伴侣、孩子谈谈心？

其实，不是没时间，而是因为焦虑。很多人说“现在是人人焦虑的时代”。人生焦虑的主要来源往往是比较。你活在朋友圈里，往往就免不了叹息对比。“没有比较，就没有伤害。”

当你和别人比，你就失去了自己。当你和自己比，你就升华了自己。彼得·德鲁克说过：“做正确的事，比把事情做正确更重要。”如果你是正确的，世界就是正确的。如果你认定一个事，就去做。

不要考虑太多，因为你总也考虑不周全，一步一步向前走，就能在不远处看见灯塔。反之，一叶障目，以为看不到希望，就永远错失了到达的时机。

对他人：尊重一个人要从尊重他的时间表开始

因为时间是一个人最宝贵的资源。人与人之间的相处，给对方时间其实就是给他们选择的自由。在时间上给别人留余地，是对人最基本的一种尊重，也体现一个人的修养。

分答里收到一个提问：微信里总有人问“在吗”，可是当你回复以后，收到的就是“帮我写个稿子”“帮我做个图”“借我 2 万块钱”……帮忙好累，不帮就怕得罪对方，如何委婉拒绝又不让对方感到难堪？

其实，首先建议大家不要在微信里问“在吗”。微信和短信一样，需要我们用简单的语言表达事由。如果你等得到对方回复再道明事由，不给对方选择的余地，这样会让对方难堪，是失礼的。其次，朋友圈不是万能的，就算是动动指头点赞转发，也是他人的自由，并且需要对方自愿。何况做图写文之类的事情，你以为随便动动手指就可以完成的轻松事情，没准儿对方需要牺牲一两天的睡眠时间帮你完成。所以，请尊重对方的时间和劳动。

如果确实需要合作，请谈钱不伤感情。再或者，如果屡次以“在吗”开头给你困扰的人，请屏蔽他或者置之不理，礼尚往来，不要为难自己！最后说一下朋友圈借钱的事情，你可以明确表示自己不会在朋友圈以任何缘由借钱，也不会借钱给任何人，告诉他请“免开尊口”！尊重彼此的时间，是基本的微信礼仪。如果确实事项紧急，请电话或面谈。

好好说话，是一种可贵的才华

> 好好说话，是一种才华，是美好的，是比暖阳更暖的。
>
> ——思言思语

有一种“结巴”，比诗歌还美

妹妹是哥哥眼中的公主，是他要捧在手中的明珠。哥哥却是妹妹眼中的“结巴”，连一句“哥……保护……你”都说不连贯。哥哥在 3 岁时被人贩子拐卖，8 岁才被父母找回。

妹妹考上大学了，哥哥就悄悄跟着去了当地蹬三轮。妹妹谈恋爱了，要见男方家长，哥哥死活都要带妹妹去买衣服。

男方妈妈对妹妹很满意，却在酒店门口骂那个被保安阻拦的“傻子”。妹妹愤然转身对男方妈妈说：“他不是傻子，他是我哥。”

然后在男方家长惊愕的眼神中，坐上哥哥的三轮车离开。哥哥说：“妹，你太……太傻了，你不该这么不……不礼貌。”

男孩妈妈答应了这门婚事，后来才知道，是结巴哥哥去找男方妈妈了。妹妹想象不到，自己从来不愿承认的哥哥，是怎样说服了男方妈妈。她更想象不到的是，在她心里，早就承认了这个爱她宠她呵护她的结巴哥哥。

有一种真心，胜过所有语言；有一种真诚，足以谅解所有无心的过失。

有一种温和，比春阳更暖

奶奶今年89岁，依然优雅美好，让人忍不住想和她做朋友。

花白的头发，弯弯的笑眼，端庄的仪态，最重要的是，说话慢条斯理，不卑不亢，温和舒适。

每次回家，都会带给奶奶一份小礼物，从学生时代的一盒点心，到工作初期的一个丝巾扣、一条花式丝巾，奶奶都会非常高兴地接受，并且表现出非常喜欢。奶奶的百宝箱里，也总藏着回赠给我们的礼物：自己做的珠宝手袋、出国旅游带回的特色饰品，哪怕年轻人，都会真心喜欢老太太的时尚眼光和礼尚往来。

奶奶一辈子从未把困苦写在脸上，即使在战争和饥荒年代，也把一家人的生计经营得井井有条，家里和孩子都被她打理得干净体面。一辈子没和人吵过架，甚至从不大声说话，四个儿女都受奶奶的言传身教，温文尔雅，这种品质又潜移默化地影响着下一代。

奶奶说：“说话，好好说，慢慢说。不能好好说的时候不要说，能好好说的时候慢慢说。气话、傻话、冰冷的话，统统不要说，积口德，是上德。”

是啊，敢说话未必就不是好人，却容易成为“炮灰”。生气的时候不要说，因为智商近乎零；对方生气的时候不要说，因为一句都听不进去。

我们说的口才，从来都不是指妙语连珠、口若悬河或者出口成章的本领，而恰恰是指好好说话的本领。

有一种深爱，叫醒来再说

婚姻不易，且行且珍惜。二十几岁的单身女孩，大概还会在想："我到底该找一个左先生呢，还是找一个右先生呢？要是有一个左先生和右先生的结合体就好啦！"

会有吗？当然会有，当你遇到你的"真"先生，就把他慢慢塑造成完美的"对"先生。

婚姻，这两个本来就复杂的字，需要夫妻、更需要女人一笔一划地理顺，才能写得好。

且不说嫁给王子或嫁入豪门的概率是不是比买彩票中奖的概率更大，面对你所欣赏的、挚爱的白马王子有众多的倾慕者，你能够忍受自己的嫉妒心而让自己继续美好吗？

爱，是恒久忍耐。不是无底线地忍耐腹黑无下限的出轨男或渣男，而是不能忍耐自己心底燃起的所有不美好的小火苗。

继续还是放手，这是一个智慧的选择！前提是，你不会因为一个挤牙膏的小事，或者无厘头的捕风捉影，去和他大吵大闹到不可开交，最后在离婚协议书上签了字才发现，竟然不知道为什么一定要离婚。

有一种深爱，叫醒来再说。气头上，不要非得弄出个非黑即白来；有争执，不要非得弄出个你低我高来。伤了、痛了、困了、累了，先洗洗睡吧，一觉醒来，没准儿啥事儿都没有了，何必一定要折腾到筋疲力尽一场空呢？

相爱是两个人的事，婚姻也是夫妻俩的事，对与错，爱不爱，一辈子那么长，慢慢说，醒来再说！

生命如此繁忙，所以如此丰盛

> 如果你有梦想，你的“忙碌”就叫幸福；如果你有梦想，你的“奔波”就叫奋斗；如果你有梦想，就怀着爱与希望将它实现。因为，当你梦想成真，你将为自己而骄傲！
>
> ——思言思语

生命就像一条奔流不息的大河，无论你怎样对待，它都不会停留、不会倒流，所以，为何不在有限的生命里过得精彩？

很多朋友都知道，我的行程排得很满，就连开课期间，都是雷打不动的跑步锻炼、坚持护肤。很多朋友都说，思敏老师好辛苦。我想说，我不辛苦，而且我觉得很开心。生命因为如此繁忙，所以才如此丰富。

忙，是有计划有意义的“忙”，是悦动生命，是用每一天的能量与热情追逐梦想，实现梦想，传递爱与正能量！如此，生命则有意义；如此，人生方有价值！

我的梦想是什么？是让时尚礼仪之花开遍全球各地，让中华文化礼行天下。所以，我觉得我的繁忙是在不断靠近梦想，当每一位学员因学习时尚礼仪而得到改变、蜕变甚至走向成功，我默默为他们祝福、为他们感到高兴。

每一天，我或许在飞往各地的路上，或许在编辑微博与大家互动，或许在深夜笔耕分享故事、答疑解惑，或许又在跑步机上与岁月赛跑，又或许在为爱人烹饪一道美味的家常饭，或者自制一个玫瑰精油面膜给自己的皮肤放松与营养，或者打开电脑回复粉丝们的留言与解答大家的问题……当我做这些事情的时候，我的心中充满爱，脸上挂着笑容，因而，大家透过我的文字，透过我的每一个镜头都能感受到这份爱意。很多朋友说，思敏老师，您真的在逆生长，这时候，我都会恍然并笑着回答他们：大概是我都忙得忘了时间，所以岁月也忽略了我吧！

我很喜欢塞缪尔·额尔曼的《青春》一诗，他讲得很好，青春不是年华，而是心境。当我们真心为梦想而忙碌的时候，忙碌是一种莫大的幸福，是一种不可言喻的充实，让你感到生命如此美好，生活如此丰富。

亲爱的朋友们，我真心祝愿你们每个人都能找到自己的梦想，怀抱爱去实现它，当你为此而奋斗而忙碌的时候，你的幸福感会油然而生，超越所有物质带给你的满足！

此刻，当我怀着爱一气呵成写下这些文字，时针已经指向了凌晨 2 点，我没有感到丝毫困乏，却充满能量！我在心里默默地祝福你们：好梦到天明！

天亮时，奋斗吧！

每个女人，都是一颗钻石

> 你的价值，来自于你的选择！
>
> ——思言思语

时间可以带走女人的红颜，却带不走女人经过岁月积淀焕发出来的美丽。这份真正的魅力，是女人经过岁月洗礼而成就的修养与智慧，就像秋天里弥漫的果香一样，由内而外散发出来。这样的美丽，静若幽兰，芬芳四溢，不会随着岁月流逝而渐失光泽，而会越发显得耀眼迷人。这样的美丽，属于每一个女人，因为，你是独一无二的自己！

你问：怎样的女人最有魅力？也许，在你的爱人看来，成熟的女人最有魅力，成熟的女人是一道风景线，是天高气爽的秋，是雨后跃出的虹，是点染春天草原的绿，是上帝安排女人赐予生活的一束鲜花。成熟的女人是温柔的，她宽容大方，善解人意，聪慧热情，乐于助人，谦虚内敛，脚踏实地，有思想，知上进。其实，说到这里，你的心里已经有了答案，你就是最有魅力的女人，因为你不断努力、不断修炼做到了最好的自己！

你问：怎样的女人最可爱？也许，在你的父亲看来，冰雪聪明的女儿最可爱，聪明伶俐也善解人意，温柔体贴似冬季里的小棉袄，比白雪公主更美丽，值得获得上天最好的眷顾。父亲的女儿是善良美丽的，她懂事、勇敢，有梦想，有追求。其实，看到这些，你的心里也有了答案，你就是最可爱的女人，因为世界上有一位男神永远爱你、保护你、祝福你，他就是你最伟大的父亲！

你问：怎样的女人最幸福？世界上没有一个人，每一天的日子都晴空万里，一个乐观聪明的女人懂得去寻找快乐，并放大快乐来驱散愁云。幸福是一种抽象的感受，相关研究表明，幸福与年龄、性别和家庭背景无关，而源于一份轻松的心情和健康的生活态度。其实，此时的你就是最幸福的，因为你淡泊宁静、安心读书、追求美好，岁月静好，浅笑安然，于是你便拥有了幸福！

你问：怎样的女人最迷人？我说：读书的女人！读书的女人坐拥书城，心有明灯，守得住心灵这个宁静的港湾，始终视书籍为精神的伴侣。读书的女人心有梦想，即使平凡如叶，仍能创造叶的美丽和生活的乐园，把自己引向有花鸟树木、有蓝天白云、有繁星明月的地方，那永不失去的梦想更是她们生活中的一首诗、一幅画、一段遐想、一片心境、一点安慰、一些希望。读书的女人心有琴弦，纵然是独自漫步，也并不寂寞与孤单。有自由的清风，有花香或白云为伴，有心而识灵魂，有梦而知远方的天空定有一轮绚丽的彩虹。读书的女人，生活情趣高尚，很少去叹息、忧郁，或无望地孤独惆怅。读书的女人，她们以聪慧的心、宽广质朴的爱、善解人意的修养，将美丽写在心灵。读书，使她们更潇洒；读书，为她们添风韵。即使不施脂粉也显得神采奕奕、风度翩翩。

每个女人都是一颗钻石！你的价值，来自于你的选择！当你成为最好的自己，你就是最美丽、最有魅力、最可爱、最迷人、最有价值的女人！衷心祝福你：做最好的自己！

坚持早起，在最好的状态中开始

早起，是人生的高级修行。

——思言思语

富兰克林说：我从未见过一个早起勤奋、谨慎诚实的人抱怨命运不好，良好的品格、优秀的习惯、坚强的意志是不会被所谓的命运击败的。

是的，脚下的路比桌上的座右铭更深刻，身边的故事比伟人的名言更动人。

第一个故事

天津某大学的男生小谭，来自湖北恩施州巴东县的一个小山村，就是古诗词“巴东三峡巫峡长，猿鸣三声泪沾裳”中所讲的地方。因为不甘平庸，大学期间小谭每天早起读书；

因为家境普通，自己勤工俭学赚学费和生活费。

大学毕业，他考上了公务员，依然坚持早起，读书，备战考研，因为骨子里的文人情怀，他的目标是清华大学。一年时光，春华秋实，他考上了清华，辞去公务员工作，再度开始校园韶华。

在校期间，他严格自律，每晚12点睡觉，早上7点起床。他很勤奋，也很优秀，是导师的得意门生。研究生期间，在导师指导下，出了三本专业学科的书籍，然后继续读博，学业有成。现在的他是一家管理咨询公司的负责人，在业界小有名气，算得上学以致用，知行合一。

值得一提的是，他的自律也成就了好身材，一米八多的小伙子，玉树临风。如今，他也轻松拥有了一位共度一生的甜蜜爱人。

人生就是如此，天道酬勤，一分耕耘，一分收获，很公平。

第二个故事

全国劳动模范赵老先生，曾任职河北省某市教育局局长，由于长期伏案且频繁抽烟，罹患肺癌。肺部被切除1/3之后，他似乎变了一个人。

戒烟戒酒，杜绝应酬，他选择了另一条路来过生活：不论风雨，每天早上 6 点钟起床，给老伴儿和外孙女做好早餐，就带上扫帚簸箕和修路的铁锨，去当地的一座山，清扫沿途的路，顺便修葺不平的道路。

日复一日，年复一年，一坚持就是 17 年。如今，79 岁的赵老看起来气质清朗，精神奕奕，反倒比 62 岁的时候更年轻。如今赵老不仅仍坚持早起爬山修路，还是当地的少先队志愿辅导员。蜡炬成灰泪始干，他依然用余生从事着爱心事业。

他是让人心生敬佩的老者。或许，赵老就是在早起中找回了健康，在劳动中找到了退休后的价值。

第三个故事

“思敏家”三宝明明，身高 172 厘米，面容清秀，五官精致，曾是一个体重一度到达 95 公斤的 90 后女孩子。

从今年 3 月份开始，明明坚持早起跑步、健身、轻食，同时戒掉了炸鸡、可乐和曾经停不下嘴的美味零食。因为有了目标和榜样，她还报了私教课，请教练制订了严格的健身计划，每天都在坚持。

6 月份的时候，她说自己已经瘦掉了 15 公斤。8 月份的时候，她瘦到了 75 公斤。现在，她说自己已经 65 公斤了。而她又有一个新的目标：60 公斤。

已经到了减肥瓶颈期，很难再瘦那么快，但明明还是相信，自己可以，因为瘦下来真的很好看。

明明现在是“思敏家”很多人的榜样，她的努力过程就是一个激励人心的励志故事。真的很棒！

我相信这个努力并坚持的女孩子，不光是拥有好身材、健康的身体，还会遇见成长，遇见爱情，遇见更好的自己。

加拿大多伦多大学的研究人员发现：任何年龄段的人，早起的情绪更加积极向上，自我感觉更好，健康意识也更加强烈。这可能和早起的人能在阳光中开始一天的生活、学习、工作，心情更好有关。我也是一个习惯早起的人，运动、读书、写字，做自己喜欢吃的食物，和喜欢的人以及喜欢自己的人互动打卡。

早起，真的很好，每一天，都在最好的状态中开始！

充实自己的生活

> 只要你不去忧虑，停止否定自己，去做适合的事情，比如写字、阅读、散步、跑步、浇花，甚至去享用一杯奶茶或者一块点心，时间都会变得有意义。
>
> ——思言思语

老杨是我多年的好友，最近，老杨被儿子小杨同学气得头发花白，老爸恨铁不成钢的心情，小杨怎会不知？作为“思敏家”的十一宝，小杨咨询我：女神小姐姐，生活无规律，无法坚持做一件事，感觉自己在虚度光阴，生活失去了意义，我该如何控制自己？

老杨的忧虑，小杨的迷茫，并非个例。每个人的成长过程中，都会遇到想要摆脱虚度时光的无力感。此时，大可不必为难自己，与其控制，不如管理，从简单的事情做起，从早起这件小事做起，换位思考控制情绪，去学习，去接触未知，自律或许并没有那么难。于是，我这样回复小杨同学：

其实，你讲的是自律

与其控制，不如管理，你越是与习惯对抗，越是徒劳无益；而当你尝试着去管理自己的时间，管理自己的作息，管理自己的目标，管理自己的健康，管理自己的体重，甚至管理自己的饮食的时候，你会发现，自律原来如此简单。这便是目标管理的意义，也是习惯的力量所在。

生活工作中，我们每个人都需要学会自律，才能在有规律有专注力的行动中发现更多的意义。

自律，不是一件简单的事，却可以从简单的事做起

比如，我要在明天早上6点钟起床，那么，如果因为熬夜太晚起不来或者天气太冷不想起，惩罚自己早餐不能吃到想吃的培根汉堡和热咖啡，而用小米粥和素包子来代替。当你这样去想的时候，你的潜意识会说，不行，我一定要吃到培根汉堡和热咖啡，这是我的最爱。

从早起这件小事开始

你会发现，早起之后，接下来的安排都可以有条不紊。早餐后早读 1 小时，整理着装和妆容 30 分钟，出门选择绿色出行，然后一天的时间可以做多项安排，也就是设定目标，实现目标。你要做的所有事情，都要在某个固定的时段做完。这就是目标管理。

控制自己的情绪

学会换位思考，疲惫或焦虑的时候，听听轻音乐，休息片刻，再开始学习和工作。永远不要带着情绪去做选择，更不要长时间沉浸在情绪的阴霾里。因为，只要你不去忧虑，停止否定自己，去做合适的事情，比如写字、阅读、散步、跑步、浇花，或是享用一杯奶茶、吃一块点心，时间都会变得有意义。所以，你需要让自己处在积极的状态，而不被消极情绪所打扰。

去学习，去接触未知

去感受阳光，去仰望蓝天，去对话智者，去实现你的梦想！你可以做任何事，唯独不需要去花大片的时间去思考“我该如何学会控制自己”，你只需要去管理自己的时间，做想做的事，做有趣的事，即可！这便是学习的力量，读万卷书，行万里路。

三个月后，再见到老杨时，他已恢复往日的精神奕奕，言谈中是对儿子小杨的骄傲和赞誉，“这孩子长大了，前些天他说了自己的创业计划，在学习中成长，我相信他，支持他的决定！”

是的，无论是学习、工作，或是创业，闭门造车很难成功。只有设定目标，细化目标，不断学习改进，逐步完善，脚踏实地，才会终有所成。

图书在版编目（CIP）数据

遇见更好的自己，努力的人生有梦可期 / 周思敏著．—北京 ：中国纺织出版社，2019.10（2024.4重印）

ISBN 978-7-5180-6003-0

Ⅰ．①遇… Ⅱ．①周… Ⅲ．①女性－人生哲学－通俗读物 Ⅳ．①B821-49

中国版本图书馆CIP数据核字（2019）第050146号

策划编辑：杨　旭　　　责任编辑：邢雅鑫
责任设计：王　佳　　　责任印制：王艳丽

中国纺织出版社出版发行
地址：北京市朝阳区百子湾东里A407号楼　邮政编码：100124
销售电话：010—67004422　传真：010—87155801
http://www.c-textilep.com
E-mail:faxing@c-textilep.com
中国纺织出版社天猫旗舰店
官方微博 http://weibo.com/2119887771
北京兰星球彩色印刷有限公司印刷　各地新华书店经销
2019年10月第1版　2024年4月第2次印刷
开本：880×1230　1/32　印张：6.5
字数：72千字　定价：59.80元